人｜氣｜烘｜焙｜坊

起司蛋糕的
壓箱絕學

Cheesecake

瑞昇文化

人氣烘焙坊　起司蛋糕的壓箱絕學
Contents

027   Avril de Bergue

ベルグの4月

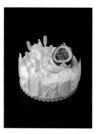

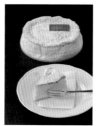

116 　ESSENCE

エサンス

128 　LA SORA SEED

ラ・ソラシド

155　Cucina Italiana Atelier Gastronomico Da ISHIZAKI
ダ・イシザキ

閱讀本書之前

● 本書介紹的起司蛋糕有非常備提供的種類，以及季節限定的種類。另外，也有專為本書特別製作的種類。餐廳部分也有僅在套餐中提供的種類。

● 材料的名稱、使用的道具、機器的名稱，依各店慣用的名稱為主。

● 配料名稱、調味料，依各店的習慣進行標記。另外，食譜的內容、製作方法、份量單位、醬汁或麵糊的入料量，皆依各店的標記進行記載，敬請理解。

● 製作方法說明的加熱溫度、加熱時間等，依各店使用的烹調機器而有不同。

● 刊載的起司蛋糕的材料、製作方法是2019年3～7月期間所採訪的內容。擺盤、裝飾、器皿等，可能有變更之情況。

● 刊載的營業時間、公休日等商家資訊是，2019年8月當時的情報。

人氣烘焙坊

起司蛋糕

的技術

パティシエ・シマ

PÂTISSIER SHIMA

行政主廚　島田　徹

安茹白乳酪蛋糕的奶油醬是『自己體內的鮮血』

徹主廚的父親島田進，是把法式甜點風潮引進日本國內的甜點師傅之一。繼承衣缽的徹主廚說：「起司蛋糕，尤其是安茹白乳酪蛋糕，更是本店最具象徵的代表性甜點。」美食評論家科儂斯基（Curnonsky）（米其林指南的首任負責人）把法國昂熱市（Angers）自古流傳至今的奶油醬，評論為「與香緹鮮奶油貌同實異的美味奶油醬。堪稱神之傑作。」指的就是這道甜點。在昂熱當地，這道甜點是在餐廳內享用的美食，而徹主廚的父親島田進則把它改良成外帶甜點，進一步普及化。那已經是40年前的事情了。子承父業的徹主廚，承襲了父親的美味，同時小心翼翼地守護。他說：「我很喜歡高梨乳業製作的美味國產白乳酪、費塞勒奶酪（FAISSELLE）。白乳酪的可用範圍很廣，通常我也會在使用香緹的甜點，使用這種奶油醬。」另一種「特製起司蛋糕」是，把酸奶油和鮮奶油放進奶油起司裡面混合製成料糊，再將料糊倒在餅乾的上面。這也是承襲了Lecomte先生的味道的歷史性甜點。從小就在充滿起司的環境中生長，現在更投入「起司評鑑騎士會」，積極推廣起司的徹主廚說：「我的任務就是，在沒有起司文化的日本，透過甜點師的篩選條件，持續提供大家了解起司的機會。」

パティシエ・シマ
地址／東京都千代田区麴町3-12-4 麴町KYビル1F
電話／03-3239-1031
營業時間／10:00～19:00（一～五）、
10:00～17:00（六）
公休日／星期日、國定假日
URL／http://www.patissiershima.co.jp

ラトリエ・シマ
地址／東京都千代田区麴町3-12-3 トウガビル1F
電話／03-3239-1530
營業時間／11:00～19:00（一～五）
公休日／星期六日、國定假日
URL／http://www.patissiershima.co.jp

安茹白乳酪蛋糕
500日圓（税外）

安茹白乳酪蛋糕

料糊

材料

小圓盅　24個

白乳酪⋯500g
重乳脂鮮奶油⋯250g
鮮奶油（42%）⋯450g

義式蛋白霜
　蛋白⋯120g
　精白砂糖⋯40g
　精白砂糖⋯190g
　水⋯70g

手指餅乾───
料糊───

被紗布包覆的外觀，令人留下深刻印象的甜點。為引誘出白乳酪的乳香風味，而在裡面添加重乳脂鮮奶油，再混進鮮奶油，然後再混入義式蛋白霜，製作出料糊，再把浸泡了紅色果醬的手指餅乾包裹在其中。把美食評論家科儂斯基誇讚的法國昂熱市的甜點，改良成可外帶的甜點，已經擁有近半世紀的歷史，可說是PÂTISSIER SHIMA的代名詞。

1

製作義式蛋白霜。用電磁爐把精白砂糖和水煮沸至118℃，製作成糖漿。

2

把蛋白打發。分3次加入精白砂糖。

※這種甜點不管是使用義式、法式或是瑞士蛋白霜，都可以製作。由於本店會把成品冷凍，所以採用的是義式蛋白霜，但若是舉辦活動等實際演練的情況，有時也會使用法式蛋白霜製作。不管是濃醇且光滑細軟的種類，或是鬆軟綿密的種類，只要依口感喜好加以區分即可。

7

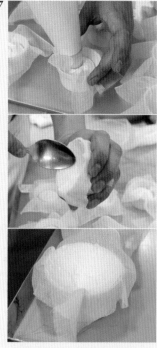

把料糊裝進擠花袋，擠進鋪了紗布的小圓盅裡面（1個約50～60g）。用湯匙抹平圓盅的邊緣。

8

放入冷凍的手指餅乾。再次擠上大量的料糊。輕敲底部，使表面平整。用紗布包覆，放進急速冷凍庫。

5

把白乳酪倒進重乳脂鮮奶油裡面混合。加入稍微打發的鮮奶油，隔著冰水，充分拌勻。

6

倒進義式蛋白霜混拌。剛開始先用攪拌器混拌，混拌至某程度後，改用抹刀混拌。

3

白乳酪有時會有水分和固體分離的情況，所以要先用抹刀拌均後再使用。把紗布攤開，放進冷藏冷卻1小時左右。這段期間，可先把紗布放進小圓盅。

4

把重乳脂鮮奶油放進鋼盆。重乳脂鮮奶油是乳脂肪40%的固狀奶油。由於白乳酪、鮮奶油的水分都比較多，所以要添加重乳脂鮮奶油，用來增添風味。

2

把蛋黃和橙花水（照片0316）混合在一起，倒入。

※以前都會用橙花水來去除蛋的腥味，同時增添香氣。島田主廚喜歡蛋白霜加了橙花水之後的香氣，所以都會使用橙花水。

3

在鋼盆裡攤開，加入低筋麵粉，用抹刀混拌。

手指餅乾

材料

蛋白	3個
精白砂糖	75g
蛋白粉	3g
蛋黃	3個
橙花水	適量
低筋麵粉	80g

1

把蛋白打發。倒進加了兩撮精白砂糖的蛋白粉。精白砂糖分3次加入。

覆盆子醬

材料

覆盆子果醬	10g
覆盆子果泥	250g
糖漿（Be30°）	150g
覆盆子香甜酒	45g
櫻桃酒	10g
檸檬汁	5g
覆盆子濃縮果汁	適量

1

把覆盆子果泥倒進覆盆子果醬裡面混拌。

2

倒入糖漿，用攪拌器混拌。加入覆盆子香甜酒、櫻桃酒、檸檬汁。

3

倒入覆盆子濃縮果汁混拌。

7

讓保鮮膜緊密附著，醬汁充分吸收後，平
鋪在烤網上，放進冷凍庫冷凍凝固。

5

用剪刀剪成1/4。稍微剪出切口，讓醬汁
更容易吸收。

6

放進覆盆子醬裡面浸泡。用叉子叉上，讓
醬汁更容易吸收。

4

裝進擠花袋，擠進圓形圈模裡面。用
160℃的烤箱烘烤10分鐘左右。照片是烤
好的手指餅乾。

パティスリー＆カフェ デリーモ
Pâtisserie & Café
DEL'IMMO

甜點主廚　江口和明

綻放巧克力職人的感性光芒，全新創意的起司蛋糕

「Pâtisserie & Café DEL'IMMO」於2014年在東京赤坂開幕，之後，在2018年的春天，遷移到東京中城日比谷。經營理念是，『享受美食與美酒的巧克力＆甜點屋』，店內總是擠滿了品嚐紅酒，同時享用蛋糕、百匯或義大利麵的客人，十分熱鬧。江口主廚的雙親分別是廚師和營養師。中學時期，江口主廚的母親在他生日的時候，買了PÂTISSIER INAMURA SHOZO的蒙布朗，天生味覺敏銳的他驚豔於蒙布朗的美味，因而決定當個甜點師，他的修業是以巧克力職人為重點。由於店內所有耀眼奪目的小蛋糕，全部都是採用巧克力，所以格外顯眼且獨一無二的起司蛋糕「雙重乳酪」，也是使用金黃巧克力的淋醬披覆。「巧克力職人製作的起司蛋糕，便是我的靈感來源。以烤起司蛋糕為基底，加上1層用佛手柑代替檸檬的佛手柑和百香果奶油醬，同時為了誘出起司的餘韻，而在最後披覆上添加了酥脆杏仁香氣的淋醬。為了讓喝咖啡的客人，可以搭配咖啡享受，而刻意擠上馬斯卡彭起司的香緹鮮奶油，以增添油脂量。只要搭配上各式各樣的配料，就可以享受各式各樣的香氣了。或許有人會質疑，『這不是起司蛋糕吧？』不過，把它稱為起司蛋糕的巧克力職人就在這裡，我認為『全新』的感受，才是最重要的。」

地址／東京都千代田区有楽町1-1-3　東京ミッドタウン日比谷B1F
電話／03-6206-1196
營業時間／11:00〜23:00
公休日／依設施為準
URL／https://www.de-limmo.jp
除外，另有目白店、澀谷ヒカリエ店、京都店

雙重乳酪
480日圓（稅外）

雙重乳酪

杏仁酥餅碎

材料

直徑5.5cm、高4.5cm的矽膠模型 約24個

奶油…600g
黑糖…600g
低筋麵粉…540g
榛果（帶皮）…200g
杏仁粉（Marcona）…600g
可可脂…400g

1 依一般的製作方法製作麵團。將麵團擀壓
成4mm的厚度，用直徑4cm的切模壓切成
圓形。
用150℃的烤箱烘烤20分鐘左右。出爐
後，抹上可可脂。

起士蛋糕基底

材料

奶油起司…300g
馬斯卡彭起司…264g
全蛋…116g
冷凍蛋黃（加糖20%）…20g
精白砂糖…144g
鮮奶油（35%）…76g
低筋麵粉…280g
橙皮（碎屑）…1g

1

把2種起司放進食物處理機混拌。

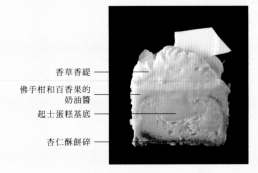

香草香緹

佛手柑和百香果的
奶油醬

起士蛋糕基底

杏仁酥餅碎

在奶油起司和馬斯卡彭起司混合而成的濃醇烤起司蛋糕
上面，重疊上有著鮮明爽口酸味的佛手柑和百香果的奶
油醬，最後再披覆上金黃巧克力和杏仁的淋醬，誘出內
層的起司風味。底部是榛果和杏仁製成的酥餅碎，使整
體的味道更緊密、紮實。擠上大量的馬斯卡彭起司的香
緹，製造出奢華感。因為可以同時享受到起司和柑橘兩
種不同的味道，因而命名為雙重乳酪。

佛手柑和百香果的奶油醬

材料

百香果果泥…136g
佛手柑果泥…100g
明膠片…5g
全蛋…330g
精白砂糖…230g
海藻糖…100g
奶油…300g

1

把2種果泥加熱煮沸。放入泡軟的明膠溶解。

2

把全蛋、精白砂糖、海藻糖放進鋼盆混拌。

3

放進煮沸的果泥，用攪拌器確實拌勻。

杏仁金黃巧克力淋醬（基本配方）

材料

調溫巧克力（白色）…1000g
調溫巧克力（金黃色）…200g
可可脂…800g
杏仁（16切）…280g

1

用微波爐溶解2種調溫巧克力。加入可可脂混拌。

2

加入杏仁混拌。裝進筒狀的容器裡。調溫至37℃後，方可使用。

2

放進全蛋、蛋黃、精白砂糖、鮮奶油混拌。

3

加入橙皮，稍微混拌。

4

放進低筋麵粉混拌。

組合

1

把酥餅碎鋪在模型底部。

2

擠進起司蛋糕基底（每個50g）。

3

用180℃的熱對流烤箱烘烤35分鐘左右。
放進冷凍庫冷卻凝固。照片是剛烤好的麵
團。

香草香緹（基本配方）

材料

鮮奶油（35%）…1240g
香草豆莢
　（馬達加斯加產／
　　從豆莢裡面取出香草籽）…2根
精白砂糖…150g
轉化糖漿…10g
明膠片…14g
馬斯卡彭起司…330g

1

把鮮奶油、香草豆莢、精白砂糖、轉化糖
漿、泡軟的明膠，放在一起混拌。

2

加入馬斯卡彭起司，用高速攪拌。照片中
是完成的狀態。

4

倒回鍋裡，利用甜點師奶油醬的要領烹
煮。

5

過濾。

6

放進奶油，用手持攪拌器混拌。

9

裝飾上橙皮、白巧克力、金箔（上述皆不包含在配方內）。

7

放在金色底紙上。

8

用星形花嘴擠上香草香緹。

4

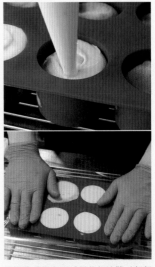

擠進佛手柑和百香果的奶油醬（每個20g）。把玻璃紙鋪在上方抹平，放進冷凍庫冷卻凝固。

5

脫模，再次放進冷凍庫冷凍。

6

用竹籤插著冷卻凝固的起司蛋糕基底，放進杏仁金黃巧克力淋醬裡面浸泡。

ベルグの4月

Avril de Bergue

甜點主廚　山內敦生

▼

烘烤、非烘焙、冰淇淋蛋糕，還有季節性的起司蛋糕！

起司蛋糕非常受歡迎，所以山內敦生主廚的店內，總是隨時備有烘烤和非烘烤類型。除了整年都有的常備性商品之外，也有以季節商品推出的起司蛋糕。店內常備的12種冰淇淋蛋糕是本店的特色，使用起司入料的冰淇淋蛋糕也在陳列商品之中。例如，「聖莫雷冰淇淋蛋糕」就添加了木莓雪酪的奶油起司。烘烤類型的經典商品是「乳酪塔」。本次介紹的「百香果乳酪」，則是非烘烤類型的經典商品。烤菓子的部分則有，使用了荷蘭的埃德姆起司，口感酸甜的「乳酪酥餅」；用埃德姆起司、杏仁和香料混合製成的餅乾「乳酪」。季節性商品方面，有這次介紹的，適合夏季享用的乳酪奶油霜「熱帶乳酪」，和採用了南方水果的果粒果醬的爽口起司蛋糕，產品內容十分豐富、多變。山內敦生主廚進入『Avril de Bergue』之後，在法國里昂的『SEVE』、盧森堡的『OBERWEISE』等，Le Lady Sale的會員店累積鑽研經驗，之後，於2010年回到『Avril de Bergue』，引進了歐洲的傳統甜點。這次介紹的「德勒斯登起司蛋糕」便是其一。現在，該店有許多冰淇淋蛋糕的宅配送禮訂單。據說，可以冷凍配送的「德勒斯登起司蛋糕」等冰淇淋蛋糕，今後也將納入常備商品之列。

地址／神奈川県横浜市美しが丘2-19-5
電話／045-901-1145
營業時間／9:30～19:00
公休日／每年修業3次，進行設備檢修（透過網站公告）
URL／http://www.bergue.jp/
透過SNS等平台，持續更新最新資訊

百香果乳酪（直徑15cm）

3350日圓（稅外）

聖莫爾
德圖蘭起司
沒有販售

夏布利葡萄乾
沒有販售

熱帶乳酪
僅夏季販售520日圓（税外）

德勒斯登起司蛋糕

沒有販售

百香果乳酪

安格列斯醬

材料

5寸模型1個

蛋黃…56g
精白砂糖…60g
牛乳…200g
明膠片…14g

香緹鮮奶油
乳酪慕斯
吸收百香果酒糖液的傑諾瓦
士海綿蛋糕
傑諾瓦士海綿蛋糕
法式甜塔皮

全年常備供應，以乳酪慕斯為主體的起司蛋糕。搭配酸乳酪和白乳酪，再和安格列斯醬一起混合製成慕斯。在乳酪慕斯之間，夾上吸收了大量百香果酒糖液的傑諾瓦士海綿蛋糕，進一步強調風味。在上面擺上新鮮的百香果，同時再裝飾上幾根裝了百香果果凍的滴管。吃的時候，可以依個人喜好，擠出滴管裡的百香果果凍，一邊享受美味的玩樂。把乳酪慕斯倒進模型後，先冷藏4小時，待明膠確實凝固後，再進行冷凍。因為突然冷凍，容易造成離水。

1

製作安格列斯醬。磨擦攪拌蛋黃和精白砂糖。

2

把牛乳加熱，倒進部分的牛乳混拌後，再倒回加熱牛乳的鍋子裡，用小火烹煮至80℃。

3

加入些許打發至六分發的鮮奶油混拌後，
倒進打發鮮奶油的鋼盆裡，一邊轉動鋼
盆，一邊用打蛋器從盆底舀起攪拌。

4

換成矽膠刮刀，從盆底舀起攪拌。

乳酪慕斯

材料

5寸模型1個

酸乳酪…600g
白乳酪…300g
精白砂糖…74g
安格列斯醬…330g
鮮奶油（35％）…600g

1

把冷卻的酸乳酪和冷卻的白乳酪，混拌至
柔滑程度，加入精白砂糖混拌。

2

分3次加入安格列斯醬，混拌均勻。

3

用水泡軟的明膠，確實瀝乾水分後，放進
鍋裡溶解。

4

溶解後，用手持攪拌器攪拌後，過濾，冷
卻至36℃。

組合

把傑諾瓦士海綿蛋糕脫模成直徑15cm（5寸）和10cm的圓形。脫模成直徑10cm的傑諾瓦士海綿蛋糕，確實用百香果酒糖液浸濕，冷凍。

把傑諾瓦士海綿蛋糕放進5寸的圓形圈模裡面，把寬度5cm的薄膜捲在內側。

法式甜塔皮

材料

發酵奶油…324g
糖粉…202g
低筋麵粉…135g
全蛋…95g
杏仁粉…81g
低筋麵粉…405g

1 把恢復至常溫的奶油、糖粉放在一起攪拌後，分次加入全蛋混拌。

2 雞蛋全放入後，加入杏仁粉混拌，接著分次加入過篩的低筋麵粉混拌。

3 彙整成團之後，用保鮮膜包起來，放進冷藏靜置一晚。

4 把前一天製作好的甜塔皮取出，用擀麵棍擀壓成5mm的厚度，放進派餅烤模裡面入模，把超出烤模的部分切除。

5 用180℃的烤箱烘烤25分鐘。

6 烤好的塔皮用派餅烤模進行脫模。

百香果果凍
（滴管用）

材料

百香果果泥…100g
精白砂糖…12.5g
果膠（黃絲帶）…3.25g

1 把材料充分混拌，加熱。

百香果果凍
（法式甜塔皮）

材料

百香果果泥…100g
精白砂糖…12.5g
果膠（黃絲帶）…6.5g

1 把材料充分混拌，加熱。

傑諾瓦士海綿蛋糕

材料

| 法國烤盤60cm×40cm | 1個 |

全蛋…281g
精白砂糖…160g
低筋麵粉…160g
奶油…47g

1 把全蛋、精白砂糖倒入鋼盆，隔水加熱至常溫，放進攪拌機攪拌。

2 將步驟①攪拌至呈現緞帶狀後，分次加入低筋麵粉混拌。

3 把恢復常溫的奶油放入步驟②裡繼續混拌，再倒進模型裡面，用160℃的烤箱烘烤40分鐘。

百香果酒糖液

材料

百香果果泥…100g
水…100g
糖漿（波美30度）…100g
檸檬汁…12g

1 把材料充分混拌。

4

法式甜塔皮用派餅烤模進行脫模，用百香果果凍在上面畫線，再把步驟②放在上方。

5

把白巧克力裝飾在側面，把裝有百香果果凍的滴管和百香果，裝飾在上面。

加工

材料

鮮奶油（35％）…適量
精白砂糖…鮮奶油的6％
白巧克力
裝了百香果果凍的滴管
百香果

1 把精白砂糖放進鮮奶油裡面，打發至六～七分發。

2

用抹刀把步驟①的甜點師奶油醬塗抹在冷凍的乳酪慕斯的側面和上面。抹刀貼平後，往外拉開，製作出凹凸。

3

將適量精細白砂倒入篩子中輕輕拍打，均勻撒在蛋糕上。

3

倒進乳酪慕斯，直到薄膜寬度的一半。

4

把步驟①冷凍好的傑諾瓦士海綿蛋糕（直徑10cm）放在上面，倒進乳酪慕斯，直到薄膜的上方。冷藏4小時後，移到冷凍庫冷凍凝固。

聖莫爾德圖蘭起司

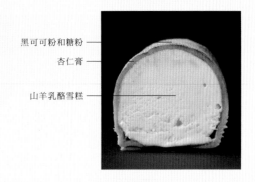

黑可可粉和糖粉 ——
杏仁膏 ——
山羊乳酪雪糕 ——

山羊乳酪雪糕

材料

直徑55mm×高35mm的圓形圈模 4個

牛乳…310g
脫脂濃縮乳…220g
精白砂糖…66g
海藻糖…31g
海樂糖…40g
冰淇淋穩定劑…5g
山羊乳酪…330g

山羊乳酪杏仁膏

材料

杏仁膏…適量
山羊乳酪…適量
糖粉…適量

1 把牛乳、脫脂濃縮乳、精白砂糖、海藻糖、海樂糖、冰淇淋穩定劑放進鍋裡加熱。用小火溶解後，用手持攪拌器攪拌後，從火爐上移開，冷藏1天。

2

把山羊乳酪切塊，放進步驟①裡面，用手持攪拌器攪拌。

3

把步驟②的材料放進冰淇淋機裡面攪拌。製作出義式冰淇淋的柔軟度後取出。冷凍保存時，如果放進鋼盆冷凍，就會導致冰淇淋過硬，所以要放進塑膠盆裡面冷凍。

冰淇淋蛋糕是該店的招牌商品之一，這次則是以起司蛋糕的身分來做介紹。使用法國的山羊乳酪，因而冠上該乳酪名稱的冰淇淋蛋糕。用吃了3～5月的新草，準備生產的山羊的羊乳所製成的山羊乳酪，在法國，通常是在春天～初夏期間販售，也有些是在季末上市。不是穿過麥稈吊掛脫水，就是浸泡鹽水，在表面形成外皮後，再進行保存。為了重現出山羊乳酪的形狀，用杏仁膏包裹外圍，製作出如起司般的凹凸，再用可可粉妝點上色彩。同時也在兩側加上麥稈。因為希望經過冰淇淋機攪拌後，可以恢復成筒狀的起司形狀，所以冰淇淋要製作出趨近於義式冰淇淋的柔軟度，這便是製作的關鍵。同時也將一併介紹，用白酒浸漬的葡萄乾裝飾筒狀冰淇淋蛋糕的夏布利葡萄乾。

3

以下要在冷凍室內進行作業。把4個山羊乳酪雪糕合併在一起。用抹刀抹平接縫處。

4

把糖漿塗抹在杏仁膏上面，將雪糕捲起來。

5

在兩端塗抹上糖漿，再黏貼上2片圓形。

組合

材料

山羊乳酪雪糕
山羊乳酪杏仁膏
黑可可粉和糖粉混合備用
黑可可粉
糖漿（波美30度）

1

把糖粉撒在壓克力板上面，搓揉杏仁膏。

2

用擀麵棍擀平，切成14.5×18.5cm。用直徑55mm的圓形圈模壓切。取2片使用。

4

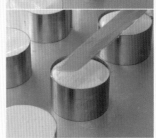

攪拌均勻後，用擠花袋擠進直徑55mm×高35mm的模型裡面，用抹刀抹平表面，冷凍。

5

冷凍後，用手掌摩擦溫熱圓形圈模，脫模。

3

從上面的外緣開始擺上葡萄乾後，再往內側裝飾上葡萄乾。

組合（夏布利葡萄乾）

材料

山羊乳酪雪糕
白酒漬葡萄乾

1

把白酒浸漬的葡萄乾攤放在廚房紙巾上面，瀝乾水分。

2

用手接觸脫模好的山羊乳酪雪糕的上下兩端，使兩側稍微融解。

6

在鐵網上滾動，製造出凹凸，再用杏仁膏雕塑工具組稍微按壓。

7

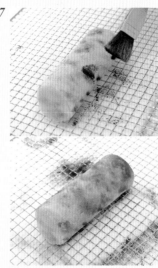

用刷毛，把黑可可粉和糖粉混合製成的黑可可粉塗抹在表面，製作出顏色深淺。仿造出山羊乳酪的表面紋路後，在兩端刺上麥稈。

熱帶乳酪

熱帶水果果粒果醬

材料

直徑6cm的玻璃杯　20個

奇異果…100g
香蕉…100g
百香果果泥…100g
精白砂糖…120g
海藻糖…90g
檸檬汁…10g

食用花 ——
火龍果等 ——
白乳酪奶油霜 ——
熱帶水果果粒果醬 ——

1

奇異果、香蕉切成略大塊，放進鍋裡，再
混入百香果果泥、精白砂糖、海藻糖。

2

加熱烹煮，白利糖度達到60～62，即可關
火。

6月～8月，在氣溫上升，希望來點爽口味道的時節提供
的起司蛋糕。在重乳脂鮮奶油和白乳酪混合製成的奶油
霜裡面，加上八分發的鮮奶油和義式蛋白霜，混合製作
出輕爽的口感。頂飾的水果，選用6種南國的水果，切
成骰子狀。為了讓水果的色調看起來更鮮豔，荔枝果泥
不和水果顆粒混拌，而是直接淋在上方。另外，放在玻
璃杯底部的熱帶水果果粒果醬，選擇香氣較佳的完熟奇
異果和香蕉，切成略大塊，保留口感。因為希望讓熱帶
水果果粒果醬帶有濃稠口感，放進略多的海藻糖混拌。

3

把鮮奶油打至八分發，分次倒進步驟①的材料裡面混拌。

4

接著，把步驟④的義式蛋白霜分次加入混拌。用打蛋器從鋼盆底部大幅舀起攪拌。

5

最後，改用橡膠刮刀，從鋼盆底部大幅舀起攪拌。

白乳酪奶油霜

材料

白乳酪…200g
重乳脂鮮奶油…200g
鮮奶油（35％）…200g
精白砂糖…140g
水…50g
冷凍蛋白…100g
精白砂糖（冷凍蛋白用）…4g

1

白乳酪和重乳脂鮮奶油混拌備用。

2

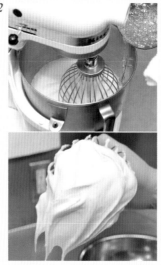

把水和精白砂糖140g放在一起加熱，烹煮至117℃。把精白砂糖4g放進冷凍蛋白裡面混拌，用攪拌機打發。逐次加入烹煮至117℃的糖漿。因為是夏季商品，所以關鍵就是攪拌出質地細緻的義式蛋白霜。持續攪拌直到溫度呈現30℃。

3

把鍋子從火爐上移開，加入檸檬汁混拌，隔著冰水冷卻降溫。

4

把切好的水果放進鋼盆混拌，鋪在步驟②的上方（約24g）。

5

把冷卻凝固的荔枝果泥搗碎，在上方全面鋪滿。放上食用花裝飾。

組合

材料（1個）

熱帶水果果粒果醬⋯35g
白乳酪奶油霜⋯下列的份量
香蕉⋯4g
火龍果（紅）⋯4g
火龍果（白）⋯4g
荔枝⋯4g
芒果⋯4g
奇異果⋯4g
食用花⋯1朵

1

把熱帶水果果粒果醬放進玻璃杯，冷凍。

2

擠入白乳酪奶油霜，直到距離玻璃杯邊緣約3cm左右，敲打玻璃杯杯底，使上方呈現平坦後冷藏。

3

水果分別切成相同大小的骰子狀（略小）。

德勒斯登起司蛋糕

下層

材料

6寸模型1個

卡士達醬⋯62.5g
白乳酪⋯125g
酸奶油⋯62.5g
精白砂糖⋯25g
玉米粉⋯12.5g
全蛋⋯25g

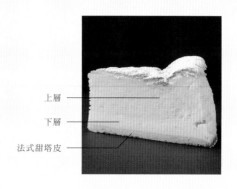

上層 —————
下層 —————
法式甜塔皮 —————

1

精白砂糖和玉米粉一起磨擦攪拌，和全蛋
一起充分混拌。

2

放進食物處理機攪拌，把確實攪拌的卡士
達醬和步驟①的材料混拌在一起，接著加
入酸奶油和白乳酪混拌。

德國當地令人熟悉的起司蛋糕。分成上層和下層的結
構，便是其特色之一。另外，如果在咖啡廳內用，就會
以叉子插進剖面的方式端上桌，這也是其特色所在。因
為一般家庭也能在家裡製作，所以製作方法也是各式各
樣。這次介紹的是德勒斯登（Dresden）的類型。上層
的麵團添加低筋麵粉和玉米粉。也有不添加粉末類材料
的做法，如果不添加粉末類材料，口感比較濕潤，但由
於希望增添鬆彈口感，所以就添加了低筋麵粉和玉米
粉，烘烤出鬆軟口感。烤好的德勒斯登起司蛋糕也具有
能夠冷凍保存的優點。

法式甜塔皮

材料

6寸模型1個

發酵奶油…324g
糖粉…202g
低筋麵粉…135g
全蛋…95g
杏仁粉…81g
低筋麵粉…405g

1

把6寸模型放在鋪有矽膠墊的烤盤上,倒入法式甜塔皮的麵糊,烘烤至隱約上色的程度。

4

把步驟①打發的蛋白霜和步驟④的材料混拌在一起。為避免蛋白霜的氣泡消失,剛開始要用打蛋器從底部撈起混拌,接著再改用橡膠刮刀,一邊轉動鋼盆,從底部大幅舀起混拌。

上層

材料

6寸模型1個

卡士達醬…157.5g
蛋黃…36g
冷凍蛋白…72g
精白砂糖…45g
低筋麵粉…15g
玉米粉…10g

1

把蛋白和精白砂糖全部混在一起打發。

2

為避免蛋白霜的氣泡消失,把卡士達醬調溫成30℃。把過篩的玉米粉、低筋麵粉和卡士達醬放在一起混拌。

3

把蛋黃和步驟③的材料放在一起混拌。

4

用180℃的烤箱烘烤35～40分鐘。中央稍微隆起，便是可以出爐的信號。

5

出爐後放涼，冷藏1天。

6

切成8等分，撒上糖粉。

組合

1

步驟①的法式甜塔皮烤好之後，把烘焙紙捲在模型的內側。

2

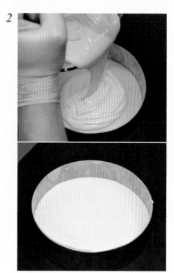

倒入下層的麵糊，攤平。

3

從上方倒入上層的麵糊。下層的麵糊相當柔軟，所以要隔著橡膠刮刀，緩衝倒入的力道。

パティスリーショコラトリー シャンドワゾー
Pâtisserie Chocolaterie
Chant d'oiseau

老闆兼主廚 村山太一

質樸、簡單，任何人都覺得美味的起司蛋糕

邁入開幕10周年的「Chant d'oiseau」，是埼玉縣首屈一指的名店。店裡唯一的起司蛋糕「烤起司蛋糕」，原本是製作成6寸大小，分切成10塊，但是，有塔皮空烤或二次烘烤、切割耗時等問題，便為了提高生產性而採用現在的的形狀。村山主廚說：「因為料糊和蛋糕可以分別製作，所以作業效率比較好，保存也比較容易。」「烤起司蛋糕的基底是，我工作的第一間店『Chene』的傳統乳酪奶油霜。可以充分享受到柔滑的奶油霜和蛋糕的味道。使用的起司有2種。口味清爽的奶油起司，再加上些許帶有鹽味的藍乾酪，製作出濃醇乳酪感。」目標是，「簡單卻十分美味的平凡甜點。雖然『平凡且美味』並不是誇讚，但是，『平凡且美味』卻是件難事，所以我想跨越那個屏障。採用只把起司蛋糕放在餅乾上面的簡單構成，也是源自於此，我想客人所追求的，應該就是這樣的甜點。」讓他如此深信的，就是他自己的味覺，目標就是自己的味蕾。「我總是會把自己認為不錯的東西放在一起，而客人似乎也有同樣的看法，所以才會給予支持。喜歡Chant d'oiseau的客人，他們的嗜好應該也跟我一樣」。當然，這個論點同樣也適用於這道甜點。

パティスリー ショコラトリー シャンドワゾー
地址／埼玉県川口市幸町1-1-26
電話／048-255-2997
營業時間／10:00〜20:00
公休日／不定期
URL／https://www.chant-doiseau.com

姊妹店
シャンドワゾー グラシエ ショコラティエ
地址／埼玉縣川口市榮町2-2-21
電話／048-299-2189
營業時間／10:00〜19:00
公休日／不定期

烤起司蛋糕
480日圓（稅外）

烤起司蛋糕

乳酪奶油霜

材料

直徑6cm×高3.5cm的矽膠模型
約195個

奶油起司*1…893g
藍乾酪*2…8229g
鮮奶油（36%）…1248g
牛乳…2204g
奶油…500g
精白砂糖…1579g
低筋麵粉…482g
全蛋…1663g
加糖蛋黃…212g
檸檬果泥…505g

*1
「St Moret奶油起司
（法國食譜）」

*2
「St Moret藍乾酪」

乳酪奶油霜 ————

酥餅碎 ————

正如其名，這是個十分簡易的烤起司蛋糕。使用了2種起司的料糊，有著入口即化的口感。富含乳味、爽口的奶油起司，讓藍乾酪的風味更顯濃郁。使用大量杏仁和細蔗糖，香氣豐富的酥餅碎是，可應用於各種甜點的麵團。為了增強酥餅碎與料糊之間的對比，比起『酥鬆』，『硬脆』的口感才是主要目標，所以要稍微烤硬一點。

1

把牛乳和鮮奶油加熱至人體肌膚程度的溫度。

2

把奶油起司和藍乾酪一起放進攪拌盆，用低速攪拌。

8

改用手持攪拌器，攪拌至柔滑狀態。因為形成結塊的情況比較多，所以務必使用手持攪拌器加以攪拌。

9

用擠花袋把材料擠進矽膠模型。用120℃的烤箱烘烤10分鐘。烤後之後，表面會隆起，但如果過度隆起，材料就會溢出模型，所以要多加注意。取出後，放進冷藏冷卻。重複3次這樣的步驟。這樣就能製作出側面酥脆，中央濃醇的口感。最後再用200℃的烤箱烘烤5分鐘左右，烤出焦色。

6

逐次加入加熱的牛乳和鮮奶油。為避免結塊，同樣也要暫停，把沾黏的材料撥乾淨。

7

接著，加入檸檬果泥攪拌。

3

在整體攪拌均勻的時候，放進恢復至室溫的奶油，用低速攪拌。

4

加入精白砂糖，持續攪拌，直到呈現沒有半點結塊的柔滑程度，接著，加入低筋麵粉攪拌。

5

分數次加入預先拌勻的全蛋和蛋黃。為避免結塊，要在攪拌中途暫停攪拌機數次，把沾黏在攪拌棒、攪拌盆上面的材料撥進盆裡。

Pâtisserie Chocolaterie Chant d'oiseau　パティスリーショコラトリー　シャンドワゾー

組合

1

在直徑9cm的底紙中央，擠上薄薄的一層甜點師奶油醬（不包含在配方內）。

2

放上3塊酥餅碎，把酥餅碎排放在適當位置，讓乳酪奶油霜放在上面時，可以看到下方的酥餅碎。

3

在酥餅碎上面擠上薄薄的一層甜點師奶油醬。

4

把乳酪奶油霜放在正中央。

5

從上方撒上糖粉（不包含在配方內），完成。

3

把麵團放在透明膜上面，蓋上保鮮膜，用擀麵棍擀壓成1cm的厚度。往左右擀壓伸展。放進冷藏冷卻凝固。

4

用手把冷卻凝固的麵團掰成適當的大小。

5

把麵團放在烤盤上面，用165℃的烤箱烘烤20分鐘左右。

酥餅碎

材料（入料量）

低筋麵粉…2400g
杏仁粉…600g
細蔗糖…1000g
精白砂糖…320g
奶油…1600g

1

把所有材料放進攪拌盆，用低速攪拌。

2

材料攪拌成麵團之後，取出。因為沒有水分，所以很難攪拌成團，但相對之下，密度就不會太高，所以就會產生酥脆的口感，和料糊形成對比。

パティスリー ラ・ノブティック

pâtisserie
LA NOBOUTIQUE

主任主任 **橋口佳奈子**

▼

簡單，體貼長者的一道甜點

善用水果，讓人意識到季節感的蛋糕，便是『Pâtisserie LA NOBOUTIQUE』（老闆兼主廚：日高宣博）的特色所在。因此，店主任橋口佳奈子說：「起司蛋糕並不是本店的常備商品，這是我第一次使用平常沒有使用的材料進行試作。」十分有個性的這家店，在試作起司蛋糕的時候，也一併把購買蛋糕的客戶群納入考量。由於該店位於年長者較多的住宅區，所以客人多半都喜歡外觀簡單，可一眼看出口味的蛋糕，因此，便以一眼看出口味的傳統起司蛋糕，同時不會太過特立獨行的外觀作為試作的前提，試作最後所呈現出的就是『白女王』這款起司蛋糕。他們同時也為年長者設想，避免製作出口味過重或個性太過強烈的味道，因而使用奶油起司，製作出口感鬆軟的慕斯。慕斯本身的外觀就是純白。所以就把有顏色的材料放進裡面，讓那個材料成為品嚐時的驚喜和味覺重點。純白蛋糕上面的莓果，也可以讓客人透過視覺注意到水果，做法也完全符合該店的風格。

地址／東京都板橋区常盤台2-6-2　池田ビル1階
電話／03-5918-9454
URL／http://www.noboutique.net
營業時間／10:00～20:00
公休日／第二、四個星期二

白女王

白女王

蘇格蘭奶油酥餅

材料

1片約8g、約60片

奶油（恢復至常溫）…125g
酥油（恢復至常溫）…25g
精白砂糖…80g
低筋麵粉…100g
杏仁粉…100g
米粉…30g
鹽…2g

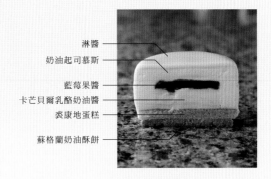

淋醬
奶油起司慕斯
藍莓果醬
卡芒貝爾乳酪奶油醬
裘康地蛋糕
蘇格蘭奶油酥餅

1

奶油和酥油在鋼盆裡混合備用。低筋麵粉、杏仁粉、米粉混合過篩備用。

2

把精白砂糖、鹽，放進步驟①油脂混合的鋼盆裡磨擦攪拌，攪拌完成後，加入步驟①的粉末類材料充分攪拌。粉末感消失後，彙整成團，用保鮮膜包起來，放進冷藏靜置一晚。

為了在使用起司的同時，製作出鬆軟且入口即化的口感，而以奶油起司作為蛋糕的主要食材。然後，為了增添口感的變化，而把餅乾口感的蘇格蘭奶油酥餅放在最下方。如果直接把慕斯放在餅乾上面，餅乾會吸收到慕斯的水分而變軟，所以在中間夾上裘康地蛋糕，藉此吸收水分，這便是關鍵所在。在口味方面，奶油起司慕斯使用蛋白霜基底，調配出清淡的口味，然後在中央配置內餡。內餡採用較濃厚的口味，增添味覺重點，使用的食材是卡芒貝爾乳酪。卡芒貝爾乳酪是該店平常不使用的素材，所以很難當成主要食材使用，因此，就當成內餡使用，藉此不著痕跡地顯露出個性。甚至，針對卡芒貝爾乳酪的鹽味，搭配酸味的藍莓果醬，製成雙層口感，讓鹽味更顯醇厚。此外，在組合的階段中，選擇在高度3.5cm的圓形圈模裡面，使用高度4cm的薄膜。如果直接使用高度4cm的圓形圈模，就不需要使用薄膜，但薄膜的使用，可以讓最後的脫模作業更加容易。

4

把低筋麵粉倒進步驟③的鋼盆裡，混拌後，把步驟②剩下的3分之1倒入，在避免擠破氣泡的狀態下混拌。

5

為製作出柔滑狀態，把步驟④的少量材料倒進溫度50℃的融化奶油裡面混拌。

6

把步驟⑤的材料倒進步驟④的材料裡面，充分混拌。

裴康地蛋糕

材料

39cm×59cm的烤盤1片

杏仁粉…181g
糖粉…121g
蛋液…235g
蛋白…154g
精白砂糖…88g
蛋白粉…4.5g
低筋麵粉…49g
融化奶油…44g

1

把杏仁粉和糖粉放進攪拌盆攪拌，為製作出蓬鬆口感，倒進溫度30℃的蛋液攪拌均勻。

2　把蛋白、精白砂糖和蛋白粉放進另一個攪拌盆，打發直到呈現勾角挺立狀態。

3

把步驟①倒進鋼盆，把3分之1步驟②的材料倒進鋼盆裡混拌，之後再倒進步驟②剩下的3分之1，進一步混拌。

3

隔天取出，一邊撒上手粉（份量外），用擀麵棍擀壓成2～3mm的厚度。

4

擀壓好的麵團用圓形圈模壓切脫模。烘烤後，形狀會膨脹，所以要用比完成時的圓形圈模小一圈的模型（照片是直徑6cm的模型）進行壓切脫模。

5

把壓切脫模的麵團放在鋪有透氣烤盤墊（如果沒有，就用烘焙紙）的烤盤上，用160℃的烤箱烘烤15～18分鐘。中途把烤盤轉向，均勻烘烤。烤好之後，取出放涼。

5 用另一個鋼盆，把鮮奶油打發至七分發。

6

把步驟⑤的少量材料倒進步驟④的材料裡面混拌，混合之後，倒入剩餘的一半份量混拌。

7

步驟⑥混合完成後，倒入剩餘的步驟⑤剩餘的材料混拌。大致混合完成後，改用橡膠刮刀，在避免擠破氣泡的情況下混拌。

內餡（卡芒貝爾乳酪奶油醬）

材料

10g×約20個

奶油起司…90g
卡芒貝爾乳酪…45g
糖粉…15g
甜點師奶油醬
　（牛乳300g、香草豆莢0.3根、
　加糖蛋黃75g、精白砂糖45g、低
　筋麵粉30g、奶油30g）…150g
鮮奶油（乳脂肪40%）…120g

1 製作甜點師奶油醬。把牛乳、香草豆莢、奶油、1/3的精白砂糖放進鍋裡加熱，在即將沸騰時關火。把剩餘的精白砂糖和加糖蛋黃放進鋼盆，摩擦攪拌至隱約泛白的程度，倒入低筋麵粉混拌，加入少許用鍋子加熱的牛乳混拌後，倒回鍋裡混拌。回鍋加熱，烹煮至濃稠程度後，放入奶油溶解。散熱冷卻，蓋上保鮮膜，放進冷藏保存。

2

把步驟①過濾到鋼盆裡，用橡膠刮刀稍微混拌，使材料的柔軟度與其他材料相同。

3 把軟化的奶油起司放進鋼盆，加入卡芒貝爾乳酪混拌。

4

完全混合後，加入糖粉混拌，確實混合後，加入步驟②的甜點師奶油醬混拌。

7

把步驟⑥的材料倒進鋪有烘焙紙的烤盤，抹平表面，拍打底部，排除麵糊裡面的氣泡後，用230℃的烤箱烘烤6～7分鐘。出爐後，放在陰涼處冷卻，避免乾燥。

內餡（藍莓果醬）

材料

10g×約16個

藍莓…200g
精白砂糖…20g
海藻糖…20g
檸檬汁…10g

1 在前一天把所有材料放進容器浸漬，隔天，倒進鍋裡，用中火加熱。

2

熬煮至稠糊程度後（用糖度計測量，糖度約30～35左右），關火，倒進容器裡，散熱冷卻。

8

步驟⑦的材料完全混合後，把少量倒進步
驟④的鋼盆裡混拌，接著再倒回步驟⑦的
鋼盆裡面完全混拌。

9

把步驟②的義式蛋白霜，分2~3次，少量
加入步驟⑧裡面混拌。義式蛋白霜全部加
入之後，分2次加入步驟③的鮮奶油，分
次少量混拌。

5

把變軟的奶油起司放進另一個鋼盆，加入
酸奶油混拌。

6

步驟⑤的材料混拌完成後，加入糖粉混
拌。

7

接著，加入優格，混拌至整體呈現柔滑狀
態。

奶油起司慕斯

材料

50g×12個

檸檬汁…10g
檸檬皮…2分之1顆
君度橙酒…5g
明膠片…6g

義式蛋白霜
　（蛋白64g、精白砂糖85g、
　海藻糖43g、水43g）…100g
奶油起司（恢復至室溫）…120g

酸奶油…80g
優格…80g
糖粉…40g
鮮奶油（脂肪含量45%）…200g

1　製作義式蛋白霜。把精白砂糖、水、海藻
糖放進鍋裡加熱，加熱至118℃。

2　把蛋白放進攪拌盆打發後，把步驟①的材
料分次少量倒入，進一步打發，直到呈現
出帶有光澤的挺立勾角。

3　鮮奶油打成七分發備用。明膠片用水泡軟
備用。

4

把檸檬汁、檸檬皮、君度橙酒放進鋼盆隔
水加熱，把步驟③的明膠片瀝乾，加入溶
解。

pâtisserie LA NOBOUTIQUE ラ・ノブティック

白女王

4

把步驟①凝固的內餡取出，放進步驟③的中央，用手指往下按壓。

5

進一步擠入奶油起司慕斯，抹平表面，放進冷凍庫冷卻凝固。

6

拿掉圓形圈模，去除薄膜，淋上溫度調整為23～25℃的淋醬。

7

放在蘇格蘭奶油酥餅的上面，裝飾上巧克力、藍莓，撒上金粉。

組合

1

把藍莓果醬放進多連矽膠模，約至一半高度，放進冷凍庫冷卻凝固後，再把卡芒貝爾乳酪奶油醬擠在上方，抹平表面後，放進冷凍庫冷卻凝固。

2

把裘康地蛋糕從烘焙紙上面撕下，用比蘇格蘭奶油酥餅大一圈的圓形圈模（直徑6.5cm）壓切脫模，放進裝有蛋糕模的圓形圈模底部。

3

把奶油起司慕斯擠進步驟②的圓形圈模裡面，約至6分滿。

淋醬

材料

1個20g…38個

牛乳…180g
水飴…80g
水…40g
明膠片…9g
白巧克力…450g
二氧化鈦（食品用）
　…適量（沒有也沒關係）

1　明膠片用水泡軟備用。

2

把牛乳、水飴、水，放進鍋裡加熱，煮沸後關火，把步驟①的明膠瀝乾，丟進鍋裡溶解。

3

把白巧克力放進容器裡面，從上方把步驟②溫熱狀態的材料過濾倒入，用手持攪拌器攪拌。中途加入二氧化鈦，進一步攪拌，使巧克力完全溶解，散熱。

テタンレール
tête en l'air

老闆兼主廚　森 譽志

靠味覺組合和吸睛視覺演繹出個性

由於座落於神戶的阪神間的甜點激戰區，所以在起司蛋糕的製作上，也會特別注意與其他店家之間的差異性。兩道甜點都是以口味的品質為大前提，再以吸睛的設計來捕捉客人的目光。另外，也會注意利用口味搭配的協調性來演繹出個性。由草莓的鮮紅和食用花組合而成的華麗『西奇塔』，把輕食感的舒芙蕾起司蛋糕製作成偏向烘焙的濃醇口感，營造出令人印象深刻的味道。佈滿鮮豔百香果淋醬的『星光』，把柳橙果凍和裘康地蛋糕放進非烘焙起司蛋糕裡面，製作出完美協調的口味。本店採取百貨公司等專櫃配送，且全年無休的營業模式，因此，在食譜和製作流程上格外要求，以求主廚不在，店內只剩下工作人員時，仍然可以確實製作出產品。

地址／兵庫縣西宮市二見町12-20
電話／0798-62-3590
營業時間／10：00～20：00
公休日／無休

星光
430日圓（税外）

西奇塔
480日圓（税外）

星光

柳橙果凍

材料（32個）

A
柳橙汁…250ml
血橙汁…250ml
柑橘類果皮…15g
鮮奶油（乳脂肪含量38％）…80g

B
精白砂糖…100g
果膠…15g
瓊脂…30g

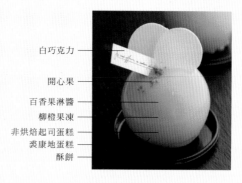

白巧克力 ——
開心果 ——
百香果淋醬 ——
柳橙果凍 ——
非烘焙起司蛋糕 ——
裘康地蛋糕 ——
酥餅 ——

使用義大利製的矽膠3D模型，球體形狀和鮮豔的黃色，惹人注目。本店的招牌商品，紅茶和蘋果製成的慕斯「達利」是紅色；栗子口味的抹茶慕斯「日本」是綠色，都是使用相同模型的系列產品。非烘焙起司蛋糕使用了酸味強烈的白乳酪，所以不使用檸檬。再搭配上濃郁的奶油起司，使2種起司完美融合。內餡是柳橙果凍，由柳橙和血橙果汁混合而成，再進一步添加柑橘類果皮，藉此增添唯有柑橘才有的香氣。把黏度控制在幾乎可在常溫下凝固的程度，經過充分的計算，讓果凍與纏舌的慕斯更契合地交融。也和淋醬的百香果香氣十分契合，讓非烘焙起司蛋糕充滿清爽且開朗的印象。

1

把A材料放進鋼盆裡面混拌，直接加熱煮沸。

2

把預先混合好的B材料，逐量加入煮沸的步驟①裡面，一邊攪拌溶解，避免結塊，再次煮沸。

3

把步驟②的材料裝進擠花袋，擠進矽膠模型裡面。放進冷凍庫冷卻凝固。

把烘焙紙鋪在烤盤上面，倒進麵糊抹平。把烤箱設定成160℃、濕度50%，烘烤15分鐘。

6

烤好後，取出放涼，撕掉烘焙紙。切成兩半，抹上A材料，像是把A材料夾起來似的，重疊上另一半，切成3.5cm的正方形。

3

把預先過篩混合的低筋麵粉和泡打粉，放進步驟②裡面混拌。

4

步驟②的材料混合完成後，先把1/3份量的步驟①放入混拌。混合均勻後，把剩餘的部分倒入混拌。

裘康地蛋糕

材料

500×360模型1個（54個）

全蛋…240g
杏仁粉…160g
低筋麵粉…50g
泡打粉…3g
蛋白…140g
白砂糖…240g
A
鮮奶油（乳脂肪含量42%）…300g
白砂糖…21g

1

把蛋白、砂糖放進攪拌機，製作出呈現堅挺勾角的蛋白霜。

2

把全蛋和杏仁粉放進鋼盆，用打蛋器混拌。

5

用鋼盆把鮮奶油和白砂糖打發後，倒進步驟④裡面混拌。

6

把麵糊裝進擠花袋，擠進矽膠模型裡面，約八分滿。

2

把鍋子從火爐上移開，加入用水泡軟的明膠片，用打蛋器一邊攪拌溶解。

3

明膠溶解後，趁溫熱的時候，把A材料倒入，利用餘熱溶解。

4

再次用過濾器過濾，去除起司的溶解殘餘。

非烘焙起司蛋糕

材料

直徑6cm的模型　32個

蛋黃…120g
白砂糖…150g
牛乳…500ml
明膠片…25g

A
奶油起司…300g
白乳酪…500g
鮮奶油（乳脂肪含量38％）
　…750g
白砂糖…50g
柳橙果凍（062頁）…32個
裘康地蛋糕（063頁）…32個

1

蛋黃和白砂糖混合完成後，倒進裝有牛乳的鍋子裡，一邊加熱，一邊用打蛋器混拌，持續加熱至80～85℃。接下來會產生濃稠感，製作成卡士達醬的狀態。

2

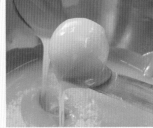

把百香果淋醬稀釋成適當的濃稠度，澆淋在步驟①整體。用佩蒂小刀從底部輕拍，去除多餘的液體，然後進行冷凍。

3

在底座擠上少量的巧克力，放上酥餅，再次擠上巧克力，然後把步驟③放在上面。裝飾上白巧克力。

百香果淋醬

材料（容易製作的份量）

百香果果泥…300g

水…150ml

A

精白砂糖…45g

果膠…9g

瓊脂（凝固劑）…9g

鏡面果膠…225g

色素（黃）…少量

1 把百香果果泥和水、鏡面果膠放進鋼盆，直接加熱煮沸。

2 把A材料混合備用，逐次倒進步驟①的材料裡面，一邊混拌溶解，避免產生結塊。溶解後，再次煮沸。

3

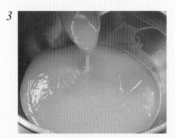

最後，用色素進行調色。

組合

1

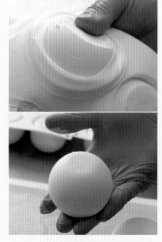

從冷凍庫取出非烘焙起司蛋糕，先用手指剝開矽膠模型的模口部分，然後用手指從下方往上推，取出。

7

把先前冷卻凝固的柳橙果凍塞入，直到表面呈現平坦。

8

進一步把先前切好的裘康地蛋糕放在上面，用手指往下壓。

9

進一步擠入適量的非烘焙起司蛋糕，用湯匙抹平表面，進行冷凍。

西奇塔

舒芙蕾起司蛋糕

材料

5寸的烤模　6個（48塊）

A
牛乳…500ml
鮮奶油（乳脂肪含量42％）
　…500ml
奶油…300g

B
奶油起司（Legall
　「加工奶油起司」）…750g
奶油起司（高梨乳業
　「北海道奶油起司」）…750g
蛋黃…500g
低筋麵粉…100g
蛋白…300g
精白砂糖…300g
酥餅麵團（68頁）
　…6個烤模的份量

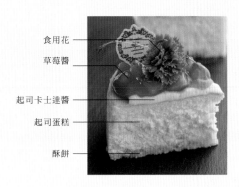

食用花
草莓醬
起司卡士達醬
起司蛋糕
酥餅

在經典的舒芙蕾起司蛋糕上面，裝飾上加了草莓果肉的草莓醬和食用花，華麗變身。用於麵團的起司是由2種風味不同的起司所組成，藉此誘出各自的魅力。以起司為主，搭配少量的蛋白霜和粉，就是本道甜點的特徵。利用起司的保形力和奶油的油脂力冷卻凝固，製作出可靠口腔溫度在嘴裡柔滑融化，同時兼具濃厚起司味道的麵團。平鋪在上面的起司卡士達醬，同樣也利用油脂的力量，靜置一晚凝固。因為使用熱對流烤箱，所以蛋白霜在與烘烤前的麵團合併的時候，要預先完成加熱，這部分也是此道甜點的特徵。之後，以低溫方式慢慢隔水烘烤，一邊藉由烘烤製作出口感的特色。

1

把A材料放進鍋裡加熱。偶爾攪拌，直到煮沸。

2

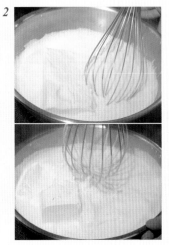

把B的奶油起司放進步驟①裡面。每次加入1種，溶化之後再加入下一種奶油起司，烹煮溶解。

9

在烤盤內倒滿水，放進熱對流烤箱，隔水烘烤，用220℃、濕度0%，烘烤12分鐘。

10

產生烤色後，把溫度調降至140℃，燜烤40～45分鐘。出爐後放涼，放進冷藏庫冷藏3小時以上。

6

把蛋白和精白砂糖放進攪拌機，製作成硬度與步驟⑤相同的蛋白霜。

7

在步驟⑤呈現溫熱的狀態下，先把1/3份量的步驟⑥倒入，用打蛋器混拌。攪拌完成後，把剩下的材料一口氣倒入，用橡膠刮刀混拌。

8

在烤模的底部和周圍鋪上烘焙紙，底部鋪上酥餅麵團，把步驟⑤倒入至模型的上方。用橡膠刮刀把表面抹平。

3

為避免煮焦，要時常用打蛋器攪拌，待完全溶解後，即可從火爐上移開。

4

把攪拌後過濾的蛋黃放進鋼盆，加入過篩的低筋麵粉混拌。

5

拌勻後，把步驟③的材料倒入，再次加熱，用打蛋器混拌。接著就會進入糊化，呈現卡士達醬狀。

tête en l'air　*テタンレール*　　　　　　　　　　　　　　　　　　　　　**西奇塔**

組合

1

把起司蛋糕脫模，撕掉烘焙紙後，把起司卡士達醬裝進擠花袋，擠出螺旋狀，外緣留空。

2

用溫熱的菜刀，把整塊蛋糕切成8等分。

3

用湯匙把草莓醬放置在蛋糕上方。裝飾上食用花。

草莓醬

材料（48個）

A
草莓果泥…100ml
水…50ml
鏡面果膠…75g
色素（紅）…少量
精白砂糖…15g

B
果膠…3g
瓊脂（凝固劑）…3g
草莓…適量

1 把A材料加熱，整體拌勻後，加入B材料混拌。

2

步驟①呈現膏狀之後，加入切成丁塊狀的草莓果粒，讓果粒充分裹滿醬汁。

酥餅麵團

材料（48個）

奶油…90g
白砂糖…100g
低筋麵粉…120g
杏仁粉…80g

1 用攪拌機混拌恢復至常溫的奶油和剩餘材料，取出後揉成一團，放進冷藏庫靜置後，擀平之後，用直徑12cm的切模壓切成型。

2

用160℃的熱對流烤箱烘烤18分鐘。

起司卡士達醬

材料（48個）

牛乳…125ml
鮮奶油（乳脂肪含量38%）…125g
奶油起司（高梨乳業
　　「北海道奶油起司」）…75g
砂糖…38g
蛋黃…50g
低筋麵粉…13g

1 把牛乳和鮮奶油放進鋼盆，加熱煮沸。

2 把奶油起司放進步驟①裡面，讓奶油起司完全溶解，不留半點結塊。

3

把打散過濾的蛋黃、過篩的低筋麵粉、砂糖，一起倒進步驟②裡面。一邊加熱，一邊用打蛋器攪拌，直至溫度達到80～85℃。

デリチュース

Delicius

製造調理部長　植村　勝

用凸顯出優質食材的簡單構成展現魅力

製作起司蛋糕的主題是，「雖然到處都有，卻也是絕無僅有」、「任何人都能盡情享用，不會太過複雜的蛋糕」。聽到要鎖定單一素材＝起司，便以本店負責人長岡末治在長年任職於大阪飯店的時期所開發的起司蛋糕為基礎，進行好幾個階段的食譜改良。包含季節限定商品在內，展示櫃隨時備有3、4種起司蛋糕。堅持挑選優質的食材，布里得蒙起司是『布里得蒙起司蛋糕』的關鍵食材，而布里得蒙起司的保存溫度便是店內最新的注意事項。濕度是93％，溫度則要配合熟成度加以調整。2019年在店面的旁邊建造了新的廚房，同時導入了2台大型的攪拌機，不光是材料，同時也大幅提升了製造工程的穩定性。由起司蛋糕和草莓組合而成的『白乳酪蘋果』也一樣，儘管材料、組合都十分簡單，味道卻是該店的獨特風味。

地址／大阪府箕面市小野原西 6-14-22
URL／http://www.delicius.jp/
電話／072-729-1222
營業時間／10：00～20：00
公休日／星期二（如逢假日則正常營業）

布里得蒙起司蛋糕

白乳酪蘋果

布里得蒙起司蛋糕

塔皮

材料

直徑18cm的派餅烤模2個

奶油…210g
鹽…2g
糖粉…150g
全蛋…60g
低筋麵粉…300g
杏仁粉…75g

1 把恢復至常溫的奶油、鹽、糖粉放在一起
磨擦攪拌，分次加入全蛋混拌。

2 雞蛋全放入後，加入杏仁粉混拌，進一步
加入過篩的低筋麵粉混拌，放進冷藏庫保
存一晚。

3 隔天，把步驟②攪拌至略微粉末殘留的狀
態，用擀麵棍擀壓成5mm左右的厚度。

4 放進派餅烤模裡面入模，把超出烤模的部
分切除。

傑諾瓦士海綿蛋糕

材料

直徑18cm的派餅烤模1個

全蛋…125g
砂糖…90g
低筋麵粉…70g
奶油…20g
牛乳…20g

1 把全蛋、砂糖放在一起，隔水加熱至人體
肌膚的溫度，放進攪拌機攪拌。

2 呈現緞帶狀後，分次加入低筋麵粉混拌。

3 把牛乳、溶解的奶油，放進步驟②裡面混
拌，倒進模型裡面，用160℃的烤箱烘烤
40分鐘。

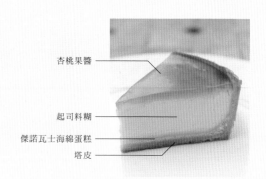

杏桃果醬
起司料糊
傑諾瓦士海綿蛋糕
塔皮

來自法國法蘭西島的莫城，以整顆的狀態採購，覆蓋著白黴的布里起司，便是本道甜點的主角，同時還搭配了卡芒貝爾乳酪、奶油起司，3種起司完美搭配，演變成滿滿起司風味的蛋糕。表面抹上大量充滿酸甜口感的杏桃果醬，和嘴裡擴散的濃郁起司口感相得益彰。除了獨特的配方之外，更透過特殊的烘烤方式，製作出帶有烘烤香氣，同時又兼具非烘焙起司蛋糕的濕潤口感。JR大阪車站、新大阪車站內也有販售，但是，為了避免風味流失，堅持冷藏配送，因此，杏桃果醬會稍微調整濃度，以避免杏桃果醬在配送時流出。

6

最後，逐次倒入檸檬汁，用打蛋器混拌。

7

把起司料糊倒進塔皮裡面，用上火200℃、下火215℃的烤箱烘烤1小時。

組合

1

讓冷藏的杏桃果醬恢復成容易塗抹的狀態，在表面塗抹上大量的杏桃果醬。

2

起司溶解後，過濾到鋼盆裡面，去除沒有溶解的殘渣。

3

把砂糖和過篩的低筋麵粉混在一起，倒進步驟②裡面，用打蛋器充分混拌。中途採用隔水加熱，持續加熱直到產生濃稠感。

4

把鍋子從火爐上移開，逐次加入恢復至常溫的鮮奶油，充分拌勻。

5

接著，再利用過濾網篩過濾一次。

杏桃果醬

材料（入料量）

杏桃醬…280g
水…40g
砂糖…5g
檸檬汁…1顆
果膠…2g

1 把水倒進銅鍋煮沸後，加入杏桃醬、砂糖，熬煮至沸騰。

2 加入檸檬汁和果膠混拌。裝進保鮮盒，放進冷藏保存。

起司料糊

材料（2個）

A
布里起司…75g
卡芒貝爾乳酪…20g
奶油起司…75g

砂糖…50g
低筋麵粉…40g
鮮奶油…350g
牛乳…200g
檸檬汁…20g
塔皮…2個烤模的份量

1

把切塊的卡芒貝爾乳酪、奶油起司放進，裝進牛乳隔水加熱的鍋子裡，持續攪拌直到起司溶解為止。

白乳酪蘋果

塔皮

材料

直徑18cm的派餅烤模2個

參考072頁

1 把恢復至常溫的奶油、鹽、糖粉放在一起磨擦攪拌後，分次加入全蛋混拌。

2 雞蛋全放入後，加入杏仁粉混拌，進一步加入過篩的低筋麵粉混拌，放進冷藏庫保存一晚。

3 隔天，把步驟②攪拌至略微粉末殘留的狀態，用擀麵棍擀壓成5mm左右的厚度，用直徑18cm的模型壓切脫膜。

4 用180℃的烤箱烘烤25分鐘。

傑諾瓦士海綿蛋糕

材料

直徑18cm的派餅烤模1個

參考072頁

1 把全蛋、砂糖放在一起，隔水加熱至人體肌膚的溫度，放進攪拌機攪拌。

2 呈現緞帶狀後，分次加入低筋麵粉混拌。

3 加入牛乳、溶解的奶油混拌，倒進模型裡面，用160℃的烤箱烘烤40分鐘。

4 放涼後，切成厚度1cm的切片。

烤蘋果

材料（2個）

蘋果…6個
精白砂糖…120g
奶油…60g
香草豆莢…適量
檸檬汁…1顆
肉桂粉…適量
蘋果白蘭地…適量
ACACIA蜂蜜…適量

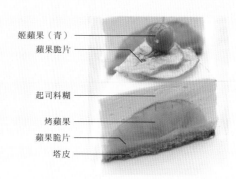

姬蘋果（青）
蘋果脆片
起司料糊
烤蘋果
蘋果脆片
塔皮

2019年，預定在蘋果盛產時期推出的新產品，靈感來自於前菜常見的起司×蘋果的組合。在大量蛋白霜的麵團上面，擺滿幾乎通透的蘋果脆片，既細膩又漂亮。為了更盡情地享受蘋果的口感，內餡採用切成對半的蘋果。利用香草豆莢、蘋果白蘭地、蜂蜜、肉桂粉等，進一步幫蘋果調味，讓蘋果的魅力大幅增加，便是關鍵所在。奶油起司如果採用鹽味比較鮮明的種類，味道上就會顯得不夠協調，於是選用了味道比較醇和的法國產奶油起司。由於採用大量蛋白霜的柔軟麵團，所以出爐之後要冷藏半天以上，使口感更為紮實，就能與蘋果的口感相互輝映。

蘋果脆片

材料（下料量）

蘋果…2個
糖漿…30度波美

1 把蘋果切成薄片，浸漬糖漿備用。

2 用80℃的烤箱烤乾。

起司料糊

材料（2個）

牛乳…450g
玉米粉…40g
奶油起司（法國產）…360g
蛋白…145g
砂糖…145g

1

把冰冷的牛乳和過篩的玉米粉放進鋼盆混拌，隔水加熱。確實攪拌，直到呈現濃稠的膏狀。

4

進一步淋上ACACIA蜂蜜，最後再次撒上精白砂糖。

5

用鋁箔紙在周圍做出屏障，用220℃的烤箱烘烤40分鐘。淋上烘烤中途流出的蘋果汁液。

1

把去除外皮、果核的蘋果切成對半，在表面切出5mm寬的切口，排放在鋪有烘焙紙的烤盤上面。

2

在香草豆莢上面切出切口，直接把香草豆莢放在步驟①的表面摩擦。

3

把精白砂糖撒在表面，放上撕碎的奶油，撒上檸檬汁、肉桂粉和蘋果白蘭地。

5 取出放涼後，放進冷藏冷卻，把蘋果脆片
　重疊排放在上方。

6 裝飾上姬蘋果、香草豆莢和綠葉。

組合

1

在派餅烤模的底部和周圍鋪上烘焙紙，放
進塔皮和海綿蛋糕。

2

把烤蘋果鋪在步驟①的上方。

3

用湯勺把起司料糊倒入，填滿縫隙。用切
麵刀把表面抹平。

4

放進180℃的烤箱裡面，烘烤20分鐘後取
出。

2

加入恢復成常溫的奶油起司，混拌至沒有
結塊為止。

3

把蛋白放進攪拌機，加入1/3份量的砂糖
攪拌。蛋白打發至某程度後，加入剩餘的
砂糖，確實攪拌至勾角挺立的狀態。

4

先把步驟③的1/3份量加進步驟②裡面，
用橡膠刮刀確實混拌。之後再放進2/3份
量的蛋白霜混拌，避免壓破氣泡。

パティスリー エトネ

PÂTISSERIE
étonné

老闆兼主廚　多田征二

◆

正因為是王道組合，才能流傳數十年

學生時期，多田主廚在當時因舒芙蕾起司蛋糕而大受歡迎的「廣場飯店」打工。在阪急國際飯店修業後，前往法國，回國後，在神戶北野飯店企劃的「Igrek Plus+」任職，擔任甜點主廚長達15年之久。多田主廚過去一直在製作華麗且新穎的都會蛋糕，之後在2016年7月自行創業，希望趁著開店的機會，回到原點，製作簡單且美味的甜點。他說：「這也是我長期熱愛傳統料理的原因」，蛋糕也一樣，不要太過複雜，就以3種要素組合就夠了。「例如卡布里沙拉，就是由起司、番茄和羅勒3種食材所組成。起司蛋糕『小丑』的靈感就是來自於此」多田主廚說。即便只有3種要素，還是可以藉由多種起司的組合搭配，或是利用草莓來補足番茄的酸味等，讓單一要素的味道更顯深奧，在保有原創的同時，製作出構成簡單的蛋糕。

地址／兵庫県芦屋市大桝町5-21
電話／0797-62-6316
URL／https://www.facebook.com/etonne71/
營業時間／10:00～19:00
公休日／星期二、不定期休假

乳酪舒芙蕾
350日圓（税外）

小丑
460日圓（税外）

乳酪舒芙蕾

海綿蛋糕麵團

材料

| 直徑18cm（6寸）的圓形模　4個 |

全蛋…600g
精白砂糖…335g
低筋麵粉…335g
奶油…100g

1 把精白砂糖倒進全蛋裡面，加熱至人體肌膚的溫度。

2 打發後，加入過篩的低筋麵粉混拌。

3 加入融化的奶油，粗略混拌，避免擠破氣泡。

4 倒進模型裡面，輕輕拍打，擠破較大的氣泡，用180℃的烤箱烘烤25分鐘。

乳酪舒芙蕾

材料

| 直徑18cm（6寸）的圓形模　1個 |

奶油起司（SAVENCIA
　「LIBERTY LANE奶油起司」）
　…500g
酸奶油（中澤乳業「酸奶油」）
　…150g
精白砂糖…150g
玉米粉…15g
蛋黃…30g
全蛋…130g
無鹽奶油…60g
香草精…適量
海綿蛋糕麵團…1個圓形模的份量

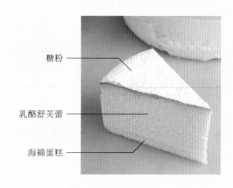

糖粉
乳酪舒芙蕾
海綿蛋糕

「就跟牛排一樣，正因為厚實煎烤，口感才會那麼柔嫩」基於這樣的想法，而用160℃的烤箱，花了2個小時的時間，烘烤出膨鬆、綿厚的烤起司蛋糕。基底的奶油起司，選用起司市占率第一的法國品牌「SAVENCIA」。在位於信州的工廠，以國內培育的牛隻的牛乳作為原料，用法國的最新技術製作出起司。為避免味道太過單調，而添加了酸奶油，不過，主廚說也可以用馬斯卡彭起司或白乳酪替代。為了讓黏度不同的起司確實混合在一起，要先混進奶油起司，攪拌成乳霜狀之後，再加入酸奶油，這便是製作的關鍵。為了使整體的柔軟口感一致，而在底部鋪上海綿蛋糕。

7

加入香草精混拌。

8

倒進鋪了海綿蛋糕的圓形模型裡面。

9

隔水加熱，用160℃的烤箱烘烤2小時。烘烤完成後，從烤箱取出散熱，脫膜後撒上糖粉。

5

把蛋黃和全蛋混在一起，分10次倒入步驟④裡面，一邊混拌，稍微打發起泡。

6

用電磁爐溶解奶油，把步驟⑤的部分材料倒入混拌，然後再倒回步驟⑤裡面，用橡膠刮刀混拌。

1

用低速的攪拌機攪拌奶油起司，攪拌至柔軟程度。

2

呈現柔滑狀之後，加入精白砂糖混拌。

3

精白砂糖拌勻後，加入酸奶油。

4

呈現乳霜狀之後，加入玉米粉。

小丑

酥餅碎餅乾

材料

直徑5.5cm×高4.5cm的圓形圈模
30個

無鹽奶油…125g
高筋麵粉…125g
精白砂糖…125g
杏仁粉…125g
鹽…少許

覆盆子
草莓
乳酪奶油霜
（內餡是番茄果粒果醬）
酥餅碎餅乾

靈感來自卡布里沙拉，由慕斯製成的非烘焙起司蛋糕。把乳酪奶油霜放在酥餅碎餅乾上面，內餡則是番茄和草莓的果粒果醬。起司是由奶油起司和馬斯卡彭起司，以3：1的比例組合而成。「因為卡布里沙拉十分對味」，所以用白葡萄酒取代水。果粒果醬所使用的番茄是，引誘出濃醇味道的番茄汁。如果只有番茄的果粒果醬，很難製作出蛋糕，所以多田主廚就添加了「酸味類型相同」的草莓。酥餅碎餅乾呈現鬆脆狀，同時帶有縫隙，所以會產生酥鬆口感。和口感柔軟的乳酪奶油霜，形成十分完美的對比，簡單卻帶著鮮明的個性。

1

材料全部預冷備用，放進鋼盆，用攪拌器低速攪拌。

2

把整塊麵團分次按壓成碎粒狀。

1

把奶油起司放進調理盆攪拌，變軟之後，加入馬斯卡彭起司進一步混拌。

2

分3次加入打發鮮奶油，用攪拌器混拌。

3

把泡軟的明膠片放進調理盆，加入步驟②的部分材料混拌。

4

把步驟③的材料隔水加熱至40℃後，把步驟②的剩餘材料倒回混拌。

3

用中火一邊攪拌加熱，烹煮至草莓軟爛之後，把鍋子從火爐上移開。

4

把步驟③的部分材料倒進步驟①裡面，攪拌溶解後，倒回步驟③裡面混拌。放涼後，加入泡軟的明膠片，混拌溶解。

乳酪奶油霜

材料

直徑5.5cm×高4.5cm的圓形圈模 30個

奶油起司（Fromageries Bel
　　「KIRI奶油起司」）…450g
馬斯卡彭起司（Parmalat
　　「馬斯卡彭起司」）…150g
打發鮮奶油35%…560g
明膠片…105g
精白砂糖…150g
白葡萄酒…120g
蛋黃…90g

3

放進圓形圈模的底部，用160℃的烤箱烘烤20分鐘。下方是出爐後的照片。

番茄果粒果醬

材料

直徑5.5cm×高4.5cm的圓形圈模 30個

精白砂糖…100g
果膠…25g
冷凍草莓粒（Boiron）…120g
番茄汁100%…80g
檸檬汁…8g
蜂蜜…16g
明膠片…3g

1

把果膠放進部分精白砂糖裡面混拌。

2

把冷凍草莓粒、番茄汁、檸檬汁、剩餘的精白砂糖放進小鍋加熱。

PÂTISSERIE étonné　　パティスリー エトネ　　　　　　　　　　小丑

5

用擠花袋把香緹鮮奶油擠在步驟④的上面。

6

擺上草莓和覆盆子，把鏡面果膠塗抹在草莓上面，在覆盆子上面撒上糖粉。最後裝飾上南天葉、小卡。

組合

1

把乳酪奶油霜裝進擠花袋，擠進裝有酥餅碎餅乾的圓形圈模，至7分滿。

2

用抹刀把乳酪奶油霜抹在圓形圈模的內側，放上番茄果粒果醬。

3

擠上乳酪奶油霜，用抹刀抹平表面。放進冷凍庫冷凍一晚。

4

冷卻凝固後，在上面抹上香緹鮮奶油，用瓦斯槍炙燒圓形圈模的表面，脫模。

5

把精白砂糖和白葡萄酒放進小鍋，溶解後，把一部分倒進裝有蛋黃的鋼盆混拌。

6

把步驟⑤的蛋黃倒回小鍋，加熱至80℃。

7

冷卻後，倒進攪拌盆裡面混拌。

8

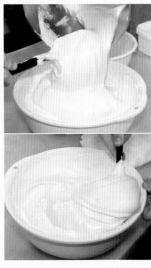

把步驟④倒入，在避免氣泡擠破的情況下混拌。

パティスリー イデ

Pâtisserie idée

老闆兼主廚　井伊秀仁

▼

充滿立體感的味道是西洋甜點的醍醐味

位於閑靜住宅區的『Pâtisserie idée』。常備的蛋糕約有15種，同時也有許多烤菓子陳
列。位於窗戶旁邊的座位有8席，僅限內用的百匯也十分受歡迎。獨立開業時，老闆特
別重視可愛與美麗兼具的魅力。「為了營造出宛如欣賞雜貨般的感覺」，內部裝潢和
擺設統一採用淡色，充滿法式風情。蛋糕也是以法國甜點為優選。身為老闆的井伊主廚
說：「層次豐富的味道，正是西洋甜點的醍醐味。我很重視第一口、最後一口的味道變
化。」他說，為製作出充滿高低起伏的味道，最重要的就是甜味、鹽味和酸味的均衡。
「例如，『idée起司蛋糕』增添了酸奶油的酸味和鹽味。『白雪』」則是以鋪在下方的
比利時餅乾的香料為重點。鹽巴和香料可以讓起司蛋糕的主角，也就是起司的味道更加
凸顯。」

地址／兵庫県尼崎市武庫之荘2-23-16 oj フィールド101
電話／06-6433-1171
URL／http://idée-idée.net/
營業時間／10:00～20:00
公休日／星期三

idée 起司蛋糕
390日圓（稅外）、整個2400日圓（稅外）

白雪
440日圓（税外）

idée起司蛋糕

海綿蛋糕

材料

直徑15cm（5寸）圓形模　20個

全蛋…2000g
精白砂糖…1000g
沙拉油…150g
牛乳…125g
低筋麵粉…900g
水…125g
萊姆酒…25g

1 把冷藏的蛋液和精白砂糖放進鋼盆，用高速的攪拌機打發。

2 打發後，把攪拌速度調降成中速，攪拌至呈現緞帶狀。

3 用鍋子加熱沙拉油和牛乳備用。

4 低筋麵粉過篩，倒進步驟②裡面確實混拌。

5 加入步驟③的牛乳和沙拉油、萊姆酒混拌，倒進圓形模裡面，用190℃的烤箱烘烤20分鐘。

烤起司蛋糕

材料

直徑15cm（5寸）圓形模　8個

奶油起司（四葉乳業
　　「北海道十勝奶油起司」）
　　…2000g
酸奶油（中澤乳業）…900g
精白砂糖…675g
香草油…1g
全蛋…450g
蛋黃…135g
鮮奶油42%（四葉乳業
　　「根釧純鮮奶油42」）…900g
玉米粉…90g
檸檬汁…45g
海綿蛋糕麵團…8個圓形模的份量

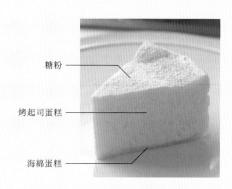

糖粉
烤起司蛋糕
海綿蛋糕

全年供應的經典起司蛋糕。烤起司蛋糕原本是用外國產的起司和塔皮所製成，之後接觸到「四葉乳業（Yotsuba Milk）」的奶油起司而重新改良。挑戰僅使用日本國產素材的起司蛋糕。牛乳感濃郁的四葉奶油起司，味道的美味當然不用說，成本方面也遠比外國起司來得有利。使用玉米粉提高保水性，同時實現鬆軟輕盈且濕潤的口感。起司下方的麵團改用海綿蛋糕，同時也進一步提高了整體感。蛋糕以完整未切的形式出售時，會依照慶祝週年紀念日的客人要求，裝飾上季節性的水果。努力營造出華麗的視覺。

8

把640g的步驟⑥材料倒進步驟⑦裡面，用橡膠刮刀抹平表面。

9

隔水烘烤，用180℃的烤箱烘烤30分鐘。確認表面的烤色後，進一步烘烤30～40分鐘。

10

熱度消退後，脫模。切成小塊時，撒上糖粉。整顆蛋糕時，把季節水果排放在邊緣，撒上糖粉，再放上小卡。

5

把打散的雞蛋分5次加入混拌。確實攪拌直到呈現光澤。

6

加入酸奶油混拌後，加入玉米粉混拌。最後再加入檸檬汁混拌。

7

把海綿蛋糕麵團放進圓形模裡面。

1

把恢復至常溫的柔軟奶油起司和酸奶油放進鋼盆。

2

用攪拌器混拌至柔滑程度。

3

充分攪拌後，加入精白砂糖混拌。

4

加入香草油，進一步充分混拌。

白雪

海綿蛋糕

材料、製作方法　參考88頁

比利時餅乾

材料（70片）

無鹽奶油…200g

A
蔗糖…260g
鹽…2g
柑橘類果皮…1顆

B
全蛋…50g
牛乳…15g

C
低筋麵粉…200g
高筋麵粉…200g
肉桂粉…2g
白荳蔻…1g
泡打粉…6g

1　把無鹽奶油放進鋼盆，呈髮蠟狀之後，把A材料倒入混拌。

2　A材料攪拌均勻後，把B材料倒入混拌。

3　B材料攪拌均勻後，把C材料倒入，靜置一晚。

4　用擀麵棍擀壓後脫模，用160℃的烤箱烘烤30分鐘。

黑醋栗醬

材料（70個）

黑醋栗果泥…500g
果糖…70g
檸檬汁…10g
明膠粉…14g
黑醋栗甜露酒…10g

1

把黑醋栗果泥、果糖放進小鍋混拌。

藍莓
白巧克力
黑醋栗鏡面果膠
比利時餅乾
生起司蛋糕
（內餡是黑醋栗醬）
海綿蛋糕

提案是「希望製作不使用明膠的非烘焙起司蛋糕」。盡可能實現清爽口感，同時又兼具濃郁香氣的理想起司蛋糕「白雪」，是由2種（42％、36％）鮮奶油組成。構成也相當複雜，生起司蛋糕裡面是半生狀態的黑醋栗醬。為保留黑醋栗的咀嚼口感，黑醋栗不進行過濾，藉此留下果皮的口感。進一步，用加了香料的比利時餅乾，和利用相同模型脫模的白巧克力，把生起司蛋糕夾在其間。每一口都能享受到不同的味道。另外，為避免鋪在下方的比利時餅乾，吸收了生起司蛋糕的水分而沾染濕氣，所以就在生起司蛋糕的下方鋪上海綿蛋糕，甚至還在比利時餅乾上面塗上白巧克力。

1 把奶油起司和酸奶油放進鋼盆混拌。

2 呈現柔滑狀之後，加入精白砂糖和鹽混拌。

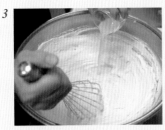

3 加入檸檬汁混拌。

4 加熱，讓精白砂糖確實溶解。

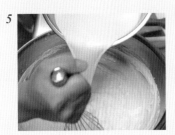

5 把鍋子從火爐上移開，把2種鮮奶油混在一起，分3～4次加入混拌。

6 裝進填餡器，擠進矽膠模型。

7 放進急速冷凍機冷凍。

生起司蛋糕

材料

直徑6cm×高5cm的圓形圈模 30個

奶油起司（雪印惠乳「Neige」）
　…750g
酸奶油（中澤乳業「酸奶油」）
　…180g
精白砂糖…135g
鹽…2g
檸檬汁…24g
鮮奶油42%（四葉乳業
　「根釧純鮮奶油42」）…285g
鮮奶油36%（明治
　「新鮮奶油36%」）…450g

發泡鮮奶油…適量

2 倒進檸檬汁加熱，烹煮至80℃。

3 把鍋子從火爐上移開，加入用水泡軟的明膠粉溶解。

4 倒入黑醋栗甜露酒混拌。

5 馬上隔著水，急速冷卻至25℃。

6

用蒙布朗多孔花嘴，擠出打成八分發的發
泡鮮奶油。

7

放上用花模壓切脫模的白巧克力。

8

放上藍莓，擠出黑醋栗鏡面果膠，裝飾上
金箔。

3

把發泡鮮奶油擠在托盤上。

4

把浸泡了白巧克力的比利時餅乾放在步驟
③的上方。

5

步驟②凝固後，脫模之後，放置在步驟④
上面。

6

再次加熱，加熱至23℃即可完成。

組合

1

把海綿蛋糕放進圓形圈模底部，放進從矽
膠模脫模的黑醋栗醬。

2

把生起司蛋糕裝進擠花袋，分別擠進
55g。晃動模型，使表面平坦後，冷藏保
存。

レ・グーテ
Les goûters

老闆兼主廚　澤井志朗

在嘴裡輕柔化開的舒芙蕾

就連展示櫥窗也充滿玩心，同時店內空間也十分色彩繽紛的甜點店。從2010年開幕初期便開始供應的舒芙蕾起司蛋糕，至今已經做過多次形狀的改造。不光是形狀，同時也會配合季節稍作改變，例如在夏天的時候搭配百香果果泥等。「受廣泛客戶層喜愛」同時「兼具原創性」，是澤井主廚在製作蛋糕時所重視的關鍵。不以味道重疊後的相乘效果為目標，而是單憑簡單的組合來表現素材的魅力。起司蛋糕的配方重點是，在蛋白霜裡面採用較多量的精白砂糖。藉此製作出能夠在嘴裡輕柔融化的麵團。為了實現那種入口即化的口感，最終階段的麵團組合，以及擠花作業也需要多加注意。這道甜點也是展示櫥窗裡的經典甜點之一，和其他濃醇的烤起司蛋糕形成對比，這個部分也十分有趣。

地址／大阪府大阪市西區京町堀1-14-28 UTSUBO+2 1F
電話／06-6147-2721
URL／http://les-gouters.com/
營業時間／11：00～19：00
公休日／星期一、二

芙芙蕾
480日圓（税外）

芙芙蕾

舒芙蕾起司蛋糕

材料

直徑6cm×高5cm的矽膠模型 64個

牛乳⋯681g
香草⋯2.55g
蛋黃⋯307g
精白砂糖⋯100g
玉米粉⋯37g
卡芒貝爾乳酪
（明治「卡芒貝爾乳酪」）
⋯170g
奶油起司（高梨乳業）⋯681g
檸檬汁⋯27g
蛋白⋯272g
精白砂糖⋯204g

糖粉
餅乾
焦糖醬
發泡鮮奶油
舒芙蕾起司蛋糕
輕奶油醬（裡面是焦糖醬）
舒芙蕾起司蛋糕
（裡面是白乳酪）

「芙芙蕾」這個會讓人會心一笑的名稱，是用來表現輕柔口感的自創語。因為有著細膩的柔軟度，所以出爐之後，麵團會有某程度的凹陷。因此，採取直接連同模型一起冷凍，取出後再進行組合的方式。整體主要是由底座的舒芙蕾起司蛋糕和鮮奶油所組成，而考量到入口時的味道平衡，同時也為了避免味道太過單調，而把帶有酸味的白乳酪塗抹在期間，並在多處擠上焦糖醬，藉此連接麵團。就如前面所陳述的，由於麵團柔軟、細膩，所以組合時要從正上方一邊確認，避免產生歪斜。裝飾在發泡鮮奶油上面的碎餅乾，也給人充滿玩心的感覺，與店內熱鬧的氣氛十分契合。

1

把牛乳和香草豆莢放進雪平鍋加熱。

2

把蛋黃、玉米粉和精白砂糖放進調理盆混拌。

10

把除塵布鋪在烤箱的烤盤上，倒滿水，把步驟⑨的模型放在上面。用上火175℃、下火140℃，烤25分鐘。之後，拿掉除塵布，溫度提高至210℃。約烘烤3分鐘，產生烤色後出爐。

11

冷卻之後，直接進冷凍庫，冷凍之後再進行脫模。

7

把2種起司倒進溫熱狀態的步驟⑤裡面。用打蛋器確實攪拌，直到呈現沒有結塊的柔滑狀態為止。

8

把打發成相同硬度的步驟⑥倒進步驟⑦裡面。用打蛋器攪拌直到呈現髮蠟狀，改用橡膠刮刀混拌，完成後，裝進擠花袋。

9

擠進SilikoMart的矽膠模型裡面，1個約35g。注意不要壓迫麵團。

3

步驟①煮沸後，一邊確實攪拌，一邊倒入步驟②的材料。

4

為了去除粉末結塊和牛乳的膜，用過濾器把步驟③的材料倒進銅鍋。

5

材料倒進銅鍋後，盡量用大火烹煮至90℃。因為容易焦黑，所以要一邊確實攪拌，一邊確認溫度。呈現光澤的狀態就是完成的標準。這個時候要注意配合蛋白霜製作完成的時間。

6

用蛋白和精白砂糖製作蛋白霜。關鍵就是確實呈現堅挺勾角的狀態。

8

撒上糖粉，避免鮮奶油乾燥。

9

最後，裝飾上掰碎的核桃餅乾。

5

把焦糖醬擠進步驟④輕奶油霜的中央。

6

把舒芙蕾重疊在步驟⑤的上面。要從正上方對齊重疊的位置，避免歪斜，在冷藏冷卻1小時左右，擠上焦糖醬。

7

把確實打發的鮮奶油擠在最上方，擠成圓球狀，再用焦糖醬擠出花紋。

組合

1

把白乳酪72g和精白砂糖4g放進鋼盆，用橡膠刮刀混拌。

2

把解凍的舒芙蕾放在底座上，用抹刀薄塗上步驟①的材料。

3

製作輕奶油醬。把鮮奶油和相同份量的卡士達醬混拌。

4

把輕奶油醬裝進擠花袋，擠成甜甜圈狀。

人氣餐廳

起司蛋糕

的技術

クローニー
Crony
廚師　春田理宏

◆

唯有這裡才有的一盤。重視創作產出前的想法

正因為是餐廳甜點，所以才能夠如此表現。溫熱起司蛋糕的『溫度』、湯匙撈起的輕盈感、入口即化的『質地』……將這些特色自由組合，然後在最佳狀態下端上桌，正是這道甜點的魅力所在。例如，溫熱的起司蛋糕，搭配奶泡或冰涼的雪酪，就能夠馬上享受到起司蛋糕融化前的瞬間。另外，起司也有季節之分，所以也希望讓客人有季節的感受……據說也有這樣的心思在裡面。即便是同樣的起司，仍會因季節而有不同的風味，例如3～5月的山羊乳酪比較新鮮，口感會更加輕盈，香氣也比較芳醇。因為是在套餐之後端出的甜點，所以輕食感和口感也十分重要。這次使用的新鮮山羊乳酪，進口到日本的期間還不到1個月，更能充分感受到短暫春天的來訪。搭配起司蛋糕的醬汁、水果有各式各樣，有時也會搭配海莓。海莓是北歐當地十分常見的橘色莓果。屬於酸味比較強勁的莓果，所以能製作出更清爽的口感。因為擁有被稱為『奇蹟果實』的高營養價值，所以不僅可以果腹、滿足客人的心靈，更是有益身體健康，這也是採用海莓的重點所在。他說：「在創作出一盤料理之前，那盤料理有什麼樣的故事或是想法，才是最重要的。今後我仍會反覆地探究，找尋更好的做法，製作出更有趣的料理。」

地址／東京都港区西麻布2丁目25-24　NISHIAZABU FTビル MB1F
（半地下1階）
電話／03-6712-5085
營業時間／18:00～26:00
套餐 18:00～20:00(L.O)　wine bar 21:30～25:00(L.O)
公休日／星期日、有不定期公休

八朔橘和檸檬的起司塔蛋糕

八朔橘和檸檬的起司塔蛋糕

起司慕斯

材料（容易入料的份量約10人份）

牛乳…70g
精白砂糖…10g
明膠片…0.5g
山羊乳酪（天然）…120g

1 明膠片用冷水泡軟，用廚房紙巾包裹，瀝乾水分備用。

2 把牛乳、精白砂糖、步驟①的明膠片放進鍋裡，加熱至即將煮沸的程度。

3

把山羊乳酪放進鋼盆，分次加入少量的步驟②材料，充分混拌。

4

步驟③完全冷卻後，倒進製作奶泡的容器裡面，灌入氣體，冷藏保存。

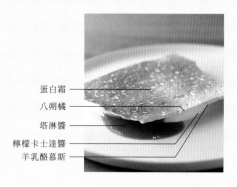

蛋白霜
八朔橘
塔淋醬
檸檬卡士達醬
羊乳酪慕斯

主角是季節限定的起司。上面是入口即化的鬆脆蛋白霜，而隱藏在其下方的是羊乳酪慕斯，以及充滿檸檬清爽香氣的酸甜奶油霜、水嫩的八朔橘、熱騰騰的塔淋醬。

只要把全部一起放進嘴裡，就能品嚐到宛如起司塔般的味道，十分獨特的一盤。

改變傳統起司蛋糕的『麵團』和『塔』的比例，製作出口感更加輕盈，前所未有的起司蛋糕。

起司蛋糕製成奶泡狀，讓內部充滿空氣，就能更添香氣。山羊乳酪的香氣餘韻從鼻腔竄出。

山羊乳酪是由溫熱的山羊乳和凝乳酵素所製成的新鮮乾乳酪，是僅限於春天～夏季前才有的季節起司。有著優格般的柔滑口感，酸味柔和，起司味道濃厚，有著清爽的香甜。

由於希望以套餐甜點為重點，所以把塔麵團的部分製作成淋醬狀。淋上由塔麵團製成，香氣四溢的淋醬，再加上八朔橘的甜味和酸味，製作出微苦的一盤，讓整體的味道更顯清爽。

蛋白霜

材料（容易入料的份量約10人份）

蛋白…50g
蛋白粉…2.5g
精白砂糖…100g
水…25g

1 把精白砂糖和水放進鍋裡加熱，加熱至117度。

2

把蛋白粉和蛋白放進桌上攪拌機的鋼盆裡攪拌，把步驟①的材料逐次加入，全部都放入之後，改用高速攪拌。產生光澤後，一邊攪拌散熱，直到整體攪拌均勻。大約3分鐘左右，熱度散去，產生光澤且略帶灰色就是標準。

3

把步驟②的材料（80g）倒在鋪有矽膠墊的烤盤墊上抹平，厚度約5mm，用150度的熱對流烤箱烘烤30分鐘。

4

出爐後，趁熱去除矽膠墊，放涼後，和乾燥劑一起密封保存。

8

把步驟⑥和步驟⑦的材料粗略混拌。

八朔橘

材料（容易入料的份量約10人份）

八朔橘…300g（2顆）
檸檬果汁…適量

1 用刀子剝除八朔橘的果皮，用手指把果肉顆粒取出。

2

倒入檸檬汁，淹過揉開的果肉，冷藏保存。

檸檬卡士達醬

材料（容易入料的份量約10人份）

牛乳…150g
全蛋…16g
蛋黃…12g
精白砂糖A…25g
低筋麵粉…7g
玉米粉…7g
奶油…18g
檸檬汁…18g
35%鮮奶油（35%）…80g
精白砂糖B…4g

1 把牛乳放進鍋裡，加熱至80度。

2 把全蛋、蛋黃放進鋼盆，用打蛋器打散，一次倒入精白砂糖A摩擦攪拌。

3 把低筋麵粉、玉米粉倒進步驟②裡面稍微攪拌，把步驟①的材料倒入混拌。

4 把步驟③的材料過濾到鍋裡，為避免焦黑，一邊用木杓不斷攪拌，一邊用中火加熱15分鐘。15分鐘後，關火，加入奶油混拌。

5 慢慢過濾到隔著冰水的調理盤裡面，為避免乾燥，用保鮮膜覆蓋，快速冷卻。

6

在完全冷卻凝固的時候，加入檸檬汁，用手持攪拌機混拌。

7 把鮮奶油和精白砂糖B放進隔著冰水的鋼盆裡面攪拌。

5

用瓦斯槍輕烤蛋白霜的表面，讓蛋白霜產生炙燒香氣，擺在最上方，覆蓋整體。

用湯匙敲碎蛋白霜的時候，下方的檸檬卡士達醬、起司慕斯和八朔橘就會滲出。

擺盤

1

把起司慕斯盛裝在盤子中央。

2

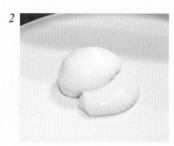

放上檸檬卡士達醬。

3

放上八朔橘。

4

用湯匙淋上溫熱的塔淋醬。

塔淋醬

材料（容易入料的份量約10人份）

奶油…80g
全蛋…12g
低筋麵粉…35g
糖粉…17g
杏仁粉…4g

1 把奶油、全蛋放進食物處理機混拌。

2 把低筋麵粉、糖粉、杏仁粉放進步驟①裡面，粗略混拌。

3

把步驟②的材料倒進鍋裡，為避免燒焦，一邊用木杓不斷攪拌，一邊用小火加熱20分～25分鐘。

4 把步驟③的材料慢慢倒進隔著冰水的調理盆，快速冷卻，阻斷餘熱，冷卻後，冷藏保存。

THIERRY MARX

甜點主廚　江藤英樹

水果的酸味和細膩的入口即化口感，化成魅力十足的起司蛋糕

因為是現做現吃，所以不論是形狀，或是食材組合的溫度和口感，都能夠做出更多的豐富變化，這便是餐廳甜點的魅力所在。由於甜點是酒足飯飽後才上桌品嚐的料理，所以餐廳十分重視『放進嘴裡入口即化的口感』。例如，搭配雪酪粉，享受在嘴裡融化的瞬間。「起司蛋糕的甜點」當然是以主角起司為一大前提，然後再搭配水果的『酸味』。藍靛果、無花果等，是最常採用的酸味食材，因為味道比較契合。也有用保留藍靛果形狀的糖漬水果，搭配馬斯卡彭起司製成的膨鬆奶泡、香草冰淇淋和藍靛果醬、帕馬森乾酪的瓦片，將其製作成百匯的甜點方案。「起司蛋糕的甜點」採用各種不同的起司，而主廚最偏愛的是Legall和PHILADELPHIA這2種品牌。Legall的起司只採用法國布列塔尼地區的新鮮原乳，風味豐富。在擁有濃醇香氣的同時，口味醇和、酸味、甜味和鹽味的協調性極佳。PHILADELPHIA是鹽味強烈，味道也十分濃厚的奶油起司，所以也會使用於烤起司蛋糕。主廚說：「挑選起司的樂趣，也是起司蛋糕的魅力。許多客人會在本店慶祝特別的紀念日，在那些留下美好回憶的時刻，透過起司蛋糕為那些客人帶來幸福，是最令人開心的事。」

地址／東京都中央区銀座 5-8-1 GINZA PLACE 7F
電話／03-6280-6234
營業時間／午餐 11：30～15：30（L.O.14：00）
晚餐 18：00～22：00（L.O.21：00）、酒吧 20：30～22：00（L.O.21：30）
公休日／餐廳營業無休　※酒吧是星期日、假日　公休
URL／https://www.thierrymarx.jp/dining/

『白妙』輕盈奶油起司的慕斯
1300日圓（税外）

烤起司蛋糕

『白妙』輕盈奶油起司的慕斯

核桃酥餅碎

材料（50人份）

核桃…25g
核桃粉…50g
低筋麵粉…50g
細蔗糖…50g
奶油…50g

1 核桃烘烤後，搗碎備用。把核桃、核桃粉、低筋麵粉、細蔗糖放進鋼盆混拌。攪拌完成後，加入奶油，用手指搓揉，和粉末混合。

2 放進烤箱，用160℃烘烤20分鐘。

日向夏蜜柑果粒果醬

材料（10人份）

日向夏蜜柑…300g
精白砂糖…30g

1 把日向夏蜜柑外側的黃色外皮切掉。連同白色柑皮部分一起切碎。白色柑皮部分可以調和蜜柑的酸味，使味道更為協調，所以不要切除，這便是關鍵所在。

2 把蜜柑和砂糖放進鍋裡，用小火熬煮，直到產生濃稠感。撈除浮渣。

優格雪酪粉
金箔
奶油起司奶泡
日向夏蜜柑果粒果醬
日向夏蜜柑椰子雪酪
核桃酥餅碎

宣告初夏造訪的清爽起司蛋糕。把豐富核桃風味的酥脆酥餅、奶油起司的奶泡、酸甜滋味的日向夏蜜柑果粒果醬、椰子和日向夏蜜柑的雪酪、清爽且入口即化的優格雪酪、馬斯卡彭起司的瓦片，依序擺盤，用湯匙從上往下舀起，享受『入口即化的口感』，這種口感便是這一盤最重視的部分。奶油起司製作成奶泡狀，運用起司的酸味，製作成輕盈口感的細膩形狀。瓦片使用帶有高雅甜味和濃郁香氣的馬斯卡彭起司，藉由薄片形狀，製作出酥脆口感。運用不同的起司，製作出更有層次的味道。為了創造出對比的口感，索性把核桃製作成顆粒略粗的酥餅碎，這個部分也是重點。搭配的白木果樹園的土佐日向夏蜜柑，有著恰到好處的酸甜滋味，帶有高雅的清涼感，和起司蛋糕十分對味，餘韻也十分強烈。土佐日向夏蜜柑的香味讓味道更添美味，調和出甜中帶酸的美妙滋味。

優格雪酪

材料（10人份）

優格…300g
鮮奶油（35%）…110g
糖粉…35g

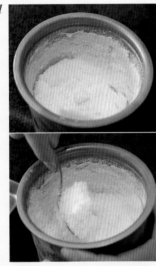

1

把優格、鮮奶油、糖粉放進鋼杯，啟動
PACOJET食物調理機進行製作。

日向夏蜜柑椰子雪酪

材料（10人份）

椰子果泥…250g
水…135g
精白砂糖…45g
水飴…10g
轉化糖漿…10g
Vidofix（增黏劑）…1g
日向夏蜜柑的果汁…75g

1

精白砂糖和Vidofix（增黏劑）混拌備
用。

2

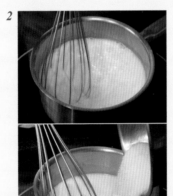

把水、椰子果泥、水飴、轉化糖漿放進鍋
裡，加熱溶解。

3

全部都溶解後，倒入步驟①的材料，充分
攪拌。

4 充分攪拌後，關火，散熱冷卻。冷卻後，
倒入日向夏蜜柑的果汁攪拌。攪拌完成
後，倒進PACOJET食物調理機的鋼杯裡
面，放進冷凍庫冷卻凝固。

奶油起司奶泡

材料（10人份）

PHILADELPHIA奶油起司…130g
酸奶油…35g
鮮奶油（35%）…150g
精白砂糖…15g
牛乳…40g

1

入料前，先把奶油起司放置至恢復常溫。
把奶油起司放進鋼盆，用橡膠刮刀混拌，
使質地變得柔滑。放入酸奶油和精白砂
糖，用橡膠刮刀混拌。

2

少量逐次地加入鮮奶油和牛乳，打發後，
裝進容器混拌。攪拌完成後，用錐形篩過
濾。

3 裝進奶泡用的容器裡，放進冷藏庫冷卻。

『白妙』輕盈奶油起司的慕斯

3

用湯匙在步驟②的中央稍微挖個窟窿，裝進日向夏蜜柑果粒果醬。

4

擺上日向夏蜜柑椰子雪酪。裝飾上優格雪酪粉。

5

裝飾上馬斯卡彭起司瓦片和金箔。

4

從烤箱內取出後，趁剛出爐的時候，用手剝下並塑型成圓形。

擺盤

1

把核桃酥餅碎鋪在盤上。

2

把起司奶泡擠在上方。

馬斯卡彭起司瓦片

材料（10人份）

馬斯卡彭起司…50g
日向夏蜜柑的果汁…50g
精白砂糖…20g
玉米粉…10g

1

把玉米粉和精白砂糖放進鋼盆，充分混拌。粉末的顆粒大小若有不同，就會形成結塊，所以務必事先混拌均勻。

2

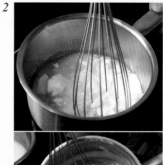

把馬斯卡彭起司和日向夏蜜柑的果汁放進小鍋，把步驟①的材料倒入。用打蛋器一邊攪拌，用小火加熱。從鬆散狀態持續加熱至呈現濃稠狀為止。呈現濃稠狀之後，從火爐上移開。

3 把材料倒在矽膠墊上抹平，放進烤箱，用90℃烘烤15分鐘。

THIERRY MARX　ティエリー・マルクス

烤起司蛋糕

乳酪塔

材料

～食譜～10cm模型3個

PHILADELPHIA奶油起司
　…200g
低筋麵粉（Violet）…30g
鮮奶油（35％）…200g
全蛋…2個
蜂蜜（ACACIA）…45g
精白砂糖…45g
檸檬汁…10g
核桃酥餅碎…105g
發酵奶油…30g

1

把鮮奶油和砂糖、蜂蜜放進攪拌機的鋼
盆，用低速混拌。

2

在低速的狀態下，倒進雞蛋混拌。接著，
倒入低筋麵粉混拌。中途，把沾在鋼盆邊
緣的粉末刮下，用低速混拌。

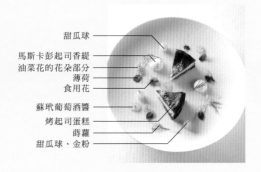

甜瓜球
馬斯卡彭起司香緹
油菜花的花朵部分
薄荷
食用花
蘇玳葡萄酒醬
烤起司蛋糕
蒔蘿
甜瓜球、金粉

充分運用素材的起司蛋糕。起司蛋糕的口感通常都十分
厚重，但是，只要改變材料的比例，就能製作出味道濃
醇，口感卻十分輕盈的起司蛋糕。為製作出輕盈口感，
而減少粉末材料的用量，使用相同份量的鮮奶油和奶油
起司製作出濕潤的料糊。起司蛋糕確實烘烤，製作出法
布魯頓梅子糕的形象。烘烤的程度便是關鍵。幾乎令人
無法從簡單外觀想像的口感，一放進嘴裡便馬上化開，
細膩且口感輕盈的起司蛋糕。起司蛋糕的表面香氣四
溢，烘烤出香脆的口感，內部則是濕潤，與非烘焙的口
感形成對比的濃醇起司風味，和夾雜著清爽檸檬香氣與
香甜蜂蜜的料糊融為一體。搭配上馬斯卡彭起司香緹、
芳醇的蘇玳葡萄酒醬和甜瓜球，增添清爽口感。這次採
用的是擺盤的方式，不過，也可以採用其他不同的變
化，例如在整個烤好的起司蛋糕上面擠上馬斯卡彭起司
香緹，然後把擺盤的其他材料全部裝飾在蛋糕上面。

馬斯卡彭起司香緹

材料（10人份）

鮮奶油（35％）…100g
馬斯卡彭起司…50g
精白砂糖…25g

1 預先把馬斯卡彭起司放置至柔軟程度。把鮮奶油、馬斯卡彭起司、精白砂糖放在一起，用打蛋器混拌。打發至七分發左右。

6

在矽膠墊上面放置內側鋪有烘焙紙的10cm圓形圈模，把步驟⑤的材料鋪在圓形圈模的底部，用湯匙按壓，製作成基底。

7

把130g的料糊倒在步驟⑥的材料上方。

8

放進烤箱，用180℃烘烤30〜35分鐘。

3

逐次少量加入鮮奶油混拌，倒進檸檬汁混拌。

4

確實攪拌後，用錐形篩過濾。

5

用橡膠刮刀混拌融化奶油和核桃酥餅碎。

4

撒上薄荷、蒔蘿。放上甜瓜球。裝飾上油菜花的花朵部分、食用花的花瓣、旱金蓮的葉子。

5

撒上糖粉。在甜瓜球上面裝飾金粉。

擺盤

1

把烤起司蛋糕切成8等分。

2

用湯匙把蘇玳葡萄酒醬淋在盤上。

3

擠上馬斯卡彭起司香緹。

蘇玳葡萄酒醬

材料（容易製作的份量）

蘇玳葡萄酒…100g
蜂蜜…10g
檸檬汁…10g
茼蒿…2g
羅勒…2g

1

把蘇玳葡萄酒放進鍋裡，熬煮增添濃度。茼蒿川燙後，浸泡冷水。

2 把蜂蜜、檸檬汁、茼蒿、羅勒放進攪拌機攪拌成膏狀。和步驟①的材料混合。

エサンス
ESSENCE

主廚 **内藤史朗**

▼

套餐的最後，重視不留半點殘留的輕食感

白乳酪的酸味、馬斯卡彭起司的濃郁、藍乾酪的香氣等，獨特的風味就來自這些充滿魅力的食材。可是，就套餐最後端出的甜點來說，相較於起司本身的品嚐，更希望讓客人品嚐到的是，把各種起司擁有的風味和香氣精華融入其他元素當中，不多不少，恰到好處的美味。正因為個性強烈，所以一旦搞錯使用方法，就會在套餐收尾的時候，留下油膩、負擔的感覺。控制添加的用量，同時做出風味和香氣，就是有效製作出美味的關鍵。

甚至，餐廳甜點常見的切塊起司蛋糕，總是給人平凡無奇的感覺。正因為盤式甜點能夠在溫度、質感上有更多的即興表現，便充分運用其特性，希望藉此演繹出『玩心』。柔滑慕斯、入口即化的奶泡、滑順的冰淇淋、新鮮的水果和淋醬、微辣的香辛料……。在各式各樣的要素當中，起司也以另一種要素的形式，存在於整體的調和之間。

地址／東京都三鷹市下連雀2-12-29 2F
電話／0422-26-9164
營業時間／11:30～14:00、18:00～21:00
公休日／星期一

白乳酪和酒粕慕斯　酒盅香
※套餐甜點

羅克福乾酪的巴伐利亞奶油和冰淇淋
※套餐甜點

馬斯卡彭起司和奶油起司的慕斯　佐木莓

※套餐甜點

白乳酪和酒粕慕斯　酒盅香

白乳酪慕斯

材料（20人份）

白乳酪…500g
鮮奶油（35%）…120g
精白砂糖…50g

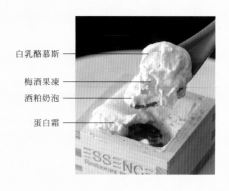

白乳酪慕斯
梅酒果凍
酒粕奶泡
蛋白霜

1

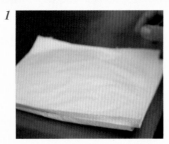

用廚房紙巾包裹白乳酪，一邊更換廚房紙巾，確實把水吸乾。

2

把鮮奶油和精白砂糖放進攪拌機，稍微打發，使砂糖融解。

以日本酒為主題，把豐富要素層疊在酒盅裡面的起司蛋糕。起司裡面帶有新鮮酸味的白乳酪是甜點中使用頻率極高的起司。因為本餐廳和福島的大七酒造有很深的緣分，所以料理中使用了許多大七酒造的日本酒、酒粕，而使用酒粕的甜點便是與白乳酪的搭配組合。由於沒有腥味的白乳酪風味和酒粕的香氣十分契合，因而改變提供的方式，以各種不同的形式，在甜點中登場。起司蛋糕的底部鋪有酥脆的蛋白霜，然後把酒粕的鮮奶油當成奶泡，重疊在上方。因為搭配鮮奶油，製作成鬆軟輕盈的奶泡，所以酒粕特有的香氣和風味都不會太重。重疊在最上方的白乳酪慕斯也一樣，考量到入口即化的口感，不使用明膠，製作成鬆軟的狀態。由於白乳酪的水氣較多，所以要確實去除水氣，自然就能有效運用其風味和濃郁。由於奶泡和慕斯的口感太過相近，所以在期間夾上梅酒果凍，藉此增加味道和口感的變化。這個梅酒也是大七酒造用生酛釀造的純米酒所釀成。說到用日本酒製成的甜點，往往給人香氣和風味充滿個性的形象，但是和常見的白乳酪結合之後，馬上蛻變成清爽的餐後甜點。

蛋白霜

材料（20人份）

蛋白…180g
精白砂糖…90g
玉米粉…20g

1 把蛋白打發至九分發後，加入精白砂糖、玉米粉混拌。

2 把步驟①的蛋白霜裝進裝有花嘴的擠花袋，在調理盤上擠出棒狀。

3

放進溫度設定為110℃的熱對流烤箱，乾燥烘烤2小時左右。

酒粕奶泡

材料（20人份）

牛乳…100g
酒粕（大七酒造
　「Torokeru酒粕」）…30g
精白砂糖…25g
鮮奶油…200g

1

把牛乳、酒粕和精白砂糖放進鍋裡加熱。用打蛋器充分攪拌，一邊煮沸，沸騰後，把鍋子從火爐上移開，冷卻。

2 冷卻後，加入鮮奶油混拌，放進奶泡器，填充氣體，冷卻備用。

※ 酒粕使用福島‧大七酒造的「Torokeru酒粕」。呈柔滑的鮮奶油狀，不需要過濾，料理也可直接使用。

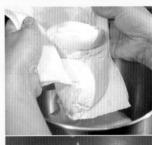

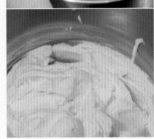

加入吸乾水氣的白乳酪，充分攪拌至呈現鬆軟狀態為止。使用前先放進冷藏冷卻備用。

梅酒果凍

材料（20人份）

梅酒…200g
明膠片…4片（1片3g）

1 明膠片用水泡軟。

2 梅酒煮沸，使酒精揮發後，把鍋子從火爐上移開，放進明膠片溶解。

3 放涼後，倒進保存容器，放進冷藏庫冷卻凝固。

※使用福島‧大七酒造以純米酒釀造的梅酒。

4

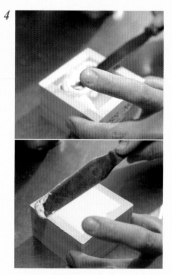

填滿白乳酪慕斯直到酒盅的表面，用抹刀抹平。

5 最後撒上少量的香辛料（PIPATSU）。

※PIPATSU是使用八重山地方野生的胡椒‧假蓽拔（Piper Retrofractum）的果實所製成的香辛料。其特徵是獨特的清爽香氣和微辣口感。

擺盤

最後加工用

最後加工用…PIPATSU

1

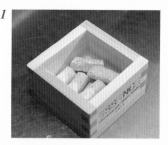

把蛋白霜排放在酒盅底部。

2

把酒粕奶泡擠在蛋白霜的上面。

3

把梅酒果凍切成2～3cm的方塊，排放在奶泡的上面。

羅克福乾酪的巴伐利亞奶油和冰淇淋

羅克福乾酪的
巴伐利亞奶油

無花果乾的
班努斯甜紅葡萄酒醬

羅克福乾酪的冰淇淋

羅克福乾酪的巴伐利亞奶油

材料（6個）

牛乳…140g
精白砂糖…20g
羅克福乾酪…20g
明膠片…1片（3g）
鮮奶油…90g

1 明膠片用水泡軟備用。

2

把牛乳和精白砂糖、羅克福乾酪放進鍋裡加熱，用打蛋器充分混合攪拌，一邊煮沸，使砂糖和乾酪溶解。

3

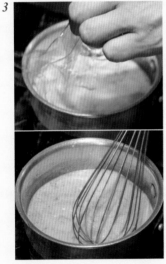

砂糖和乾酪完全溶解後，加入明膠片溶解，加入鮮奶油，用打蛋器充分混拌。

希望應用藍乾酪的獨特香氣，而以最大限度的協調所調配出的甜味，便是這個食譜。巴伐利亞奶油和冰淇淋都使用了羅克福乾酪，可以享受兩者之間的口感差異。青黴的起司難免都會有腥味，所以許多人都沒辦法接受，不過，這道甜點則帶著隱約的香氣，並且沒有半點腥味。

羅克福乾酪是AOC指定的起司，產地是南法。使用同樣產自南法，有著濃醇甜味和水果味的班努斯甜紅葡萄酒，和無花果乾一起熬煮，製作成風味濃郁的淋醬。藉此與羅克福乾酪的香氣和鹽味確實融合，產生醇和的風味。淋醬當中不可欠缺的是核桃和葡萄乾。鮮奶油通常都是打發之後再做添加，但巴伐利亞奶油為了製作出滑溜的柔軟口感，而略過打發的動作，直接加入製成。輕盈的巴伐利亞奶油和冰淇淋，必須搭配堅果感和乾果的濃縮感，有了這些食材，就能享受到各種不同的味道。甚至，還在最後撒上艾斯芭雷特辣椒（Espelette Pepper），利用煙燻香氣和辣味使整體的味道更為紮實。

擺盤

最後加工用

核桃、葡萄乾、
艾斯芭雷特辣椒

1

把從模型取出的羅克福乾酪的巴伐利亞奶
油擺在盤中，周圍擺上切成對半，用班努
斯甜紅葡萄酒熬煮的無花果乾、核桃、葡
萄乾。

2

把羅克福乾酪的冰淇淋放在巴伐利亞奶油
旁邊，把班努斯甜紅葡萄酒醬淋在外圍，
最後再撒上少量的艾斯芭雷特辣椒。

無花果乾的
班努斯甜紅葡萄酒醬

材料（入料量）

無花果乾…適量
班努斯甜紅葡萄酒…適量

1

把無花果乾放進鍋裡，倒入班努斯甜紅葡
萄酒，確實烹煮至班努斯甜紅葡萄酒呈現
濃稠狀。

※班努斯甜紅葡萄酒（Banyuls）是南法
魯西隆地區，酒精含量偏高的葡萄酒。鮮
明的果實味和甜味是其特徵。

4

放涼後，倒進模型裡面，放進冷藏冷卻凝
固。

羅克福乾酪的冰淇淋

材料（20人份）

牛乳…200g
精白砂糖…80g
水飴…20g
羅克福乾酪…45g
鮮奶油…350g

1 把牛乳和精白砂糖、水飴、羅克福乾酪放
進鍋裡煮沸，使砂糖和乾酪溶解。

2 砂糖和乾酪完全溶解後，把鍋子從火爐上
移開，加入鮮奶油混拌。

3 充分冷卻後，放進冰淇淋機裡面，製作成
冰淇淋。

馬斯卡彭起司和奶油起司的慕斯 佐木莓

馬斯卡彭起司慕斯

材料（15人份）

鮮奶油…150g
馬斯卡彭起司…250g
蛋黃…3個
精白砂糖…50g
水…適量
明膠片…1片（3g）

1 馬斯卡彭起司恢復至室溫備用。明膠片用水泡軟備用。

2

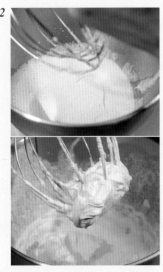

用攪拌機把鮮奶油打發，然後加入馬斯卡彭起司攪拌，充分混拌均勻。

奶油起司奶泡 ——
木莓冰淇淋 ——
馬斯卡彭起司慕斯 ——
帕馬森乾酪風味的瓦片 ——

把馬斯卡彭起司和奶油起司的慕斯，填進帕馬森乾酪風味的瓦片裡面。期間夾著與起司十分對味的酸甜木莓冰淇淋，可以充分享受味覺的變化和冰涼的口感。新鮮的馬斯卡彭起司有著濃郁的風味，是非常好用的甜點材料。這裡搭配打發的鮮奶油和蛋黃，製作出軟綿、輕飄的慕斯。因為配置在最底層，所以添加少許明膠，比較容易維持形狀。另一方面，奶油起司則是製成奶泡，使重量更加輕盈。如果只有採用奶油起司、牛乳和鮮奶油，味道會比較單調，所以稍微添加檸檬的酸味，藉此凸顯味覺。兼具容器作用的瓦片添加帕馬森乾酪的碎屑。添加起司烘烤，可以讓香氣更勝，風味也會更佳。甚至，薄烤的酥脆感，和慕斯、奶泡的鬆軟感正好可以形成絕佳對比。也可以採取出更立體的擺盤設計，附上新鮮的木莓和食用花的花瓣，製作出奢華中帶點可愛的一盤。

馬斯卡彭起司和奶油起司的慕斯　佐木莓

木莓冰淇淋

材料（20人份）

木莓果泥…300g

糖漿
　水…200g
　精白砂糖…100g
　水飴…20g

1 把糖漿的材料放在一起煮沸，製作成糖漿，冷卻備用。

2 把木莓果泥和冷卻的糖漿混合在一起，放進冰淇淋機，製作成冰淇淋。

帕馬森乾酪風味的瓦片

材料（4個）

無鹽奶油…20g
蛋白…1個（30g）
糖粉…40g
低筋麵粉…30g
帕馬森乾酪…2g

1 無鹽奶油融解備用。

2

把蛋白放進鋼盆，加入糖粉和低筋麵粉磨擦攪拌，加入融化奶油混拌。

奶油起司奶泡

材料（20人份）

牛乳…100g
精白砂糖…25g
奶油起司…20g
檸檬汁…數滴
鮮奶油（35％）…200g

1

把牛乳和精白砂糖、奶油起司放進鍋裡加熱，用打蛋器混拌，使砂糖和起司溶解。

2 溶解後，把鍋子從火爐上移開，放涼，放進冷藏冷卻備用。

3 充分冷卻後，加入檸檬汁、鮮奶油混拌，放進奶泡器裡面，填充氣體。

3

把蛋黃、精白砂糖、水放進鋼盆，一邊隔水加熱打發。

4

變得鬆散之後，停止隔水加熱，放進明膠片溶解。明膠片溶解後，讓鋼盆的底部隔著冰水，進行散熱。

5

冷卻後，倒進步驟②的材料裡面，充分攪拌，放進冷藏冷卻備用。

擺盤

最後加工用

木莓、食用花

1

把帕馬森乾酪風味的瓦片放在盤上,裝進馬斯卡彭起司慕斯。

2

把木莓冰淇淋重疊在上面,輕柔地擠上奶油起司的奶泡。

3

把木莓排放在瓦片的周圍,裝飾上食用花的花瓣。

3

把帕馬森乾酪磨成碎屑加入,放進冷藏稍微放置。

4

把烤盤墊鋪在烤盤上面,把步驟③的麵團擀壓成略薄的正方形。

5

放進溫度設定成160℃的熱對流烤箱預烤,麵團變乾後,暫時取出,依照圓形圈模的高度進行裁切。

6

再次把麵團放回烤盤墊上面,放進熱對流烤箱裡面,烤出漂亮的烤色。

7

出爐後,趁熱用手把瓦片捲成圓形,放進圓形圈模裡面,形狀調整好之後,便在這個狀態下冷卻,讓形狀定型。

ラ・ソラシド
LA SORA SEED

『Al Ché-cciano』開發事業部統籌料理長　兼
『LA SORA SEED FOOD RELATION RESTAURANT』料理長

秋田和則

迷戀上古岡左拉起司的個性和莓果類所產生的共鳴

「製作開胃小點和甜點的時候，我會採用能夠給人帶來驚喜的要素。利用最初的驚喜，讓客人對料理抱持著期待感，最後的驚喜則是為了讓客人留下好印象」秋田主廚說。甚至，進一步從眾多義大利的傳統甜點中找出靈感，演繹出原創性。不光只是單純的甜點，而是套餐最後的一盤，以這樣的觀點，演繹出奢華的視覺饗宴，便是秋田主廚的方法。瑞可塔起司塔是經典義式甜點中的經典，而這裡用古岡左拉起司所創造出的全新味道，便是以其作為基礎。古岡左拉起司是經常使用於料理的青黴起司。基於本身的鹽味和特殊的香氣，很難當成甜點材料使用。可是，只要巧妙運用起司的特殊個性，就能製作出令人印象深刻的有趣甜點。甚至，更基於『Al Ché-cciano』的負責人奧田正行所提倡的「食材共鳴」，而搭配上與古岡左拉起司的鹽味十分契合的黑醋栗等莓果類材料，即便只有一塊蛋糕，仍可透過多種食材的搭配組合，品嘗到各種不同的味道，非常符合餐廳的風格。

地址／東京都墨田区押上1-1-2　東京スカイツリータウン・ソラマチ31樓
電話／03-5809-7284
URL／http://www.kurkku.jp/lasoraseed/
營業時間／11:00〜16:00(L.O.14:00)、18:00〜23:00(L.O.21:00)
公休日／全年無休

古岡左拉起司蛋糕　　～紅色的波長～

古岡左拉起司蛋糕　～紅色的波長～

餅乾麵包心

材料

27cm×37cm的模型1個

甜塔皮（約6個模型的份量：奶油
600g、糖粉400g、全蛋240g、低
筋麵粉1kg）…350g

奶油…90g

1　首先製作甜塔皮。把糖粉放進軟化的奶油
　　裡面，拌勻後，加入全蛋混拌，使材料乳
　　化。加入雞蛋後，加入過篩的低筋麵粉混
　　拌，放進冷藏靜置1天。

2

製作餅乾麵包心。把甜塔皮麵團放進食物
調理機，加入軟化的奶油。奶油要預先放
置軟化，使硬度和甜塔皮麵團相同。分2
次加入。

3

放進模型裡面，用切麵刀抹平。抹平後，
放進冷藏冷卻凝固。預先冷卻凝固，烘烤
時，就不會和奶油醬融成一體，就能保有
酥碎口感。

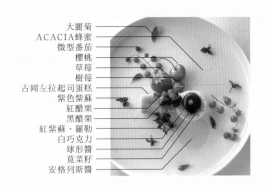

大麗菊
ACACIA蜂蜜
微型番茄
櫻桃
草莓
樹莓
古岡左拉起司蛋糕
紫色紫蘇
紅醋栗
黑醋栗
紅紫蘇、羅勒
白巧克力
球形醬
莧菜籽
安格列斯醬

靈感來自瑞可塔起司的塔，使用古岡左拉起司創作而成
的起司蛋糕。第一個特徵是雙層結構，底部是有著酥脆
口感的甜塔皮，第二層則是具有青黴強烈氣味的古岡左
拉起司奶油霜，有著宛如柔滑奶油起司那樣的濕潤口
感。第二個特徵是，為了讓客人品嚐到3種不同味道，
而特別做出的擺盤，這是唯有餐廳才有的一盤。切成長
條狀的蛋糕分成3個部分，最左邊是可以品嚐到蛋糕原
始風味的部分，中央則可以享受蛋糕和紅色果實相互交
融的口感，最右側則是搭配醬汁一起品嚐的部分。中央
的紅色果實使用總店『Al Ché-cciano』所在地，山形所
產出的水果。在品嚐過起司的濃醇味道後，可以透過水
嫩多汁的果實或味道溫和的果實中和一下嘴裡的味道。
另外，右側的醬汁，是利用乳酸鈣和海藻酸，把黑醋栗
和山葡萄的果汁製作成球體，弄成在嘴裡炸開的形態，
在把驚奇端上桌的同時，和盤上的安格列斯醬結合，享
受更進一步的味覺變化。料理上的重點是，在混合料糊
的時候，盡可能讓材料的柔軟度一致。否則就無法馬上
混合，就會花費更多時間，同時導致素材的狀態改變。

8

放進材料後，進一步過濾，以實現柔滑口感。

9

餅乾麵包心冷卻凝固後，取出，把步驟⑧的材料倒入。

10

把步驟①預先冷凍備用的古岡左拉起司全部撒入。

11

用165℃的熱對流烤箱烘烤30分鐘。烘烤期間要一邊觀察表面，一邊進行調整。

12

出爐後放涼，脫模，放進冷藏冷卻。

3

分次少量加入精白砂糖，一邊攪拌，分3次加入。

4

進一步加入蛋黃攪拌。

5

接著，分次加入全蛋，一邊攪拌。液體的份量較多，鋼盆裡面的材料會變冷，所以要用瓦斯槍等道具加熱，一邊攪拌。加入雞蛋後，倒進鋼盆。

6

用手攪拌，一邊撒入低筋麵粉。接著，加入鮮奶油、檸檬汁混拌。

7

加入步驟①溶解的古岡左拉起司混拌。古岡左拉起司的溫度如果太高，就會造成瞬間分離，要多加注意。

古岡左拉起司蛋糕

材料

27cm×37cm的模型1個

奶油起司…750g
精白砂糖…322g
奶油…187g
全蛋…3個（180g）
蛋黃…6個（120g）
低筋麵粉…75g
鮮奶油（乳脂肪38％）…225g
檸檬汁…22g
古岡左拉起司…225g
餅乾麵包心…1個模型的份量

1

把古岡左拉起司分成兩半，一半用微波爐稍微加熱，用刮刀攪拌，充分溶解後，放置至恢復常溫。剩下的一半份量撕成5mm大小，冷凍備用。

2

奶油醬預先恢復成常溫，放進攪拌機，用低速攪拌。硬度和其他材料相同後，加入預先恢復成常溫的奶油攪拌。

擺盤

1

古岡左拉起司蛋糕切塊放置在盤子中央，在蛋糕的中央裝飾上莓果類的材料。

2

在蛋糕的右側放上白巧克力和球形醬。

3

淋上ACACIA蜂蜜，倒上安格列斯醬。在周圍裝飾紫色紫蘇、蒐菜籽和食用花。

4

把步驟③從矽膠模型裡取出，為避免沾黏在一起，逐一丟進步驟④裡面。若是使用小鍋的話，就要持續不斷地搖晃。

5

靜置一段時間（約5分鐘），產生薄膜後，用漏勺輕輕撈起，放進水裡。若是馬上使用的話，就放進水裡保存，如果希望存放一段時間，就放進橄欖油裡面保存。

安格列斯醬

材料（30人份）

牛乳…250g
香草豆莢…1/4根
精白砂糖…60g
蛋黃…60g

1 把牛乳、香草豆莢放進鍋裡加熱，加熱至快沸騰的程度。

2 把蛋黃和精白砂糖放進鋼盆，摩擦攪拌至呈現泛白的程度。

3 把步驟①的材料逐次少量地倒進步驟②的材料裡面，一邊混拌，再過濾到另一個鋼盆。

4 把步驟③的材料隔水加熱，一邊加熱攪拌至呈現柔滑程度。

5 進一步過篩，再用冷水散熱。

球形醬

材料（容易製作的份量）

山葡萄汁（原汁）…190g
黑醋栗（新鮮帶果皮）…50g
精白砂糖…9g
乳酸鈣…2g
黃原膠…0.8～1g

海藻酸鈉…5g
水…1000g

1 製作海藻酸水。把海藻酸鈉放進水裡充分攪拌。因為不會馬上溶解，所以要在冷藏庫放置一晚，製作成帶有稠度的液體。

2

用攪拌機攪拌山葡萄汁和黑醋栗，利用精白砂糖調整甜度後，用過濾器過濾，加入1%的乳酸鈣、0.4～0.5%的黃原膠，充分攪拌，放置一晚後，撈除浮在表面的氣泡，倒進矽膠模型，放進冷凍庫冷凍。

3

把步驟①的海藻酸水放進對流式的水浴槽，設定成60℃。若沒有水浴槽，就放進小鍋，加熱至60℃。

フランス料理 レ・サンス
CUISINE FRANÇAISE
Les Sens

老闆兼主廚 渡辺健善

▼

重視三大要件，為餐點畫下完美句點

就法國餐廳的甜點來說，渡邊健善主廚平時最重視的要件有下列3點。那就是「輕盈」、「唯有現場才品嚐得到的虛幻感」、「組合」。就作為餐點收尾的甜點來說，在料理本身趨於輕食化的現今，基於與料理互應的理由，「輕盈」也逐漸變成甜點的必要條件，這個條件可說是現在的趨勢。再者，「唯有現場才品嚐得到的虛幻感」指的是蛋糕店沒有，唯有在餐廳內才品嚐得到的美味。那道甜點容易溶化、崩塌，沒辦法外帶。如果不在那個時刻當場享用，就沒有辦法品嚐到那個『虛幻感』，這便是餐廳甜點的魅力所在。為此，要努力思考出必須現做的食譜。即便可以預先入料，仍然必須現場製作醬汁，或是思考與水果之間的搭配組合，演繹出唯有現場才能品嚐到的美味。然後，「組合」就是必須同時採用多種素材，而非單品。對於為餐點畫下句點的甜點來說，即便是味道略為厚重的起司蛋糕，仍必須以這3大要件為基礎，製作出符合法式料理形象的甜點。

地址／神奈川県横浜市青葉区新石川2-13-18
電話／045-903-0800
URL／http://www.les-sens.com/
營業時間／午餐時間 11:00～14:30、
下午茶時間 14:30～16:30、晚餐時間 17:30～21:00
公休日／星期一

奶油起司泡　荔枝風味

溫起司慕斯和冷起司慕斯的雙重奏

奶油起司泡　荔枝風味

奶油起司泡

材料（5人份）

奶油起司…60g
荔枝汁…40g
優格…30g
鮮奶油…100g
砂糖…25g
氧化亞氮…適量

荔枝
黑胡椒
奶油起司泡
酥餅碎

使用起司的甜點，往往給人沉重的形象。這便是企圖打消這種印象的一道甜點。不使用會產生堅硬口感的明膠。使用奶泡，製作出冰涼、入口即化的口感。在感受「輕盈」口感的同時，也能演繹出隨著時間變化的「虛幻感」。這道甜點也可以在食慾不佳的夏季時刻上桌。使用的起司是奶油起司。這道甜點的製作重點是，隔水加熱，確實融解奶油起司。如果不隔水加熱，就會產生結塊，就算製作成奶泡，奶泡的質地也會不均勻。只要預先把材料混合在一起，裝進奶泡虹吸瓶，再放進冷藏庫冷卻，就可以在點餐後馬上端上桌。入料的作業十分簡單，擺盤也不需要花費太多時間，這點可說是十分珍貴。慕斯本身有著鬆軟、清淡的口感，所以就利用黑胡椒增添竄鼻的香氣，同時給味蕾增添些許微辣感，藉此做出味覺的重點，此外，酥餅碎的酥脆口感也是關鍵。雖然只有些許甜味，但是，只要能夠品嚐到材料組合的變化，就不需要太過強調甜度。

1

把奶油起司放進鋼盆，隔水加熱融解。在這裡，讓起司確實融解是非常重要的事情，如果有結塊，就算放進奶泡器，仍會擠出不均勻的奶泡。

2

起司完全融化後，倒進荔枝汁混拌。清爽、甘甜的荔枝和奶油起司十分地對味。

擺盤

1

奶油起司的奶泡材料混拌完成後，裝進奶泡虹吸瓶裡面，灌入氧化亞氮，放進冷藏庫冷卻。冷卻後，輕輕搖晃，擠在放有荔枝和酥餅碎的盤子裡面。

2

撒上黑胡椒。因為是冰涼、香味較少的甜點，所以就利用胡椒的辛辣風味，作為味道重點。

酥餅碎

材料（容易製作的份量）

奶油…60g
低筋麵粉…125g
精白砂糖…60g

1 準備冰冷的奶油。把低筋麵粉和精白砂糖過篩混合備用。

2 把步驟①的材料放進鋼盆，用手混拌。混拌至某程度後，進一步用雙手搓磨混合，製作成鬆散狀。

3 把步驟②攤在鋪有烘焙墊的烤盤上面，用175℃的烤箱烘烤10分鐘。

3

加入優格混拌，利用酸味讓整體的味道更紮實。

4

加入鮮奶油混拌。如果液體的乳脂肪含量沒有超過35％，就無法製作出奶泡，所以這裡使用乳脂肪含量45％的鮮奶油。

5

最後加入砂糖混拌。因為僅用來補足荔枝的甜度，所以不用添加太多。

6

材料確實拌勻，入料作業就完成了。光是這樣就夠了，不會耗費太多時間。

溫起司慕斯和冷起司慕斯的雙重奏

冷起司慕斯

材料（8人份）

奶油起司…200g
優格…100g
鮮奶油…150g
明膠…5g
砂糖…60g
檸檬汁…少許

●義式蛋白霜
蛋白…95g
砂糖…100g
水…35g

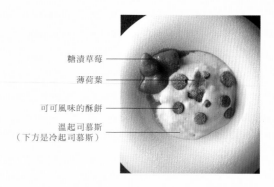

糖漬草莓
薄荷葉
可可風味的酥餅
溫起司慕斯
（下方是冷起司慕斯）

把焦點著重在「輕盈」、「唯有現場才品嚐得到的虛幻感」、「組合」三大要件，進而開發出的法式料理甜點。把冷卻凝固的慕斯放在盤裡，然後再「組合」上溫起司慕斯。冰冷慕斯在碰觸到溫起司慕斯後，稍微溶解，可以同時品嚐到溫熱部分、冰冷部分和溶解部分的各種不同溫度。因此，不論是冬天或是夏天，都可以當成套餐最後的甜點，完全不會有半點衝突。由於慕斯會隨著時間而逐漸溶解，所以也能讓人感受到只能在現場品嚐的「虛幻感」。此外，上面的慕斯是溫的，比冰冷的慕斯更容易產生香氣，所以使用的起司選用藍起司。使用平常很少被使用於蛋糕的青黴起司，就能把極具衝擊性的獨特香氣打造成甜點的獨特性格，同時留下深刻的第一印象，提高對甜點的期待感。下方冷凍的慕斯則是運用檸檬，藉由柑橘香氣和酸味的結合，製作出清爽、冷冽的口感。上下兩種慕斯都是採用義式蛋白霜，因為只有輕微的甜度，所以就隨附上糖漬草莓和糖漬草莓的醬汁。烤成圓形的可可酥餅，在形成色彩重點的同時，在口感上也是重點之一，可以享受「組合」的變化。最後的裝飾是，撒上糖粉，並加以乾燥的薄荷葉。

1

製作義式蛋白霜。把蛋白打發。分3次，在中途加入砂糖，一邊混拌。同時，把水和砂糖放進鍋裡加熱，糖漿溫度達到118℃之後，逐次加入少量的蛋白，一邊打發。

2

把奶油起司放進鋼盆，隔水加熱，用刮刀混拌至柔軟程度。

溫起司慕斯

材料（8人份）

奶油起司…100g
藍乾酪…100g
優格…100g
鮮奶油…150g
砂糖…60g
檸檬汁…少許

●義式蛋白霜
蛋白…95g
砂糖…100g
水…35g

1 依照右頁的要領製作義式蛋白霜。

2 用鋼盆把鮮奶油打發至八分發。

3

把奶油起司和藍乾酪放進鋼盆，隔水加熱，將材料融解混拌。

4

步驟③的材料混拌完成後，加入步驟②的鮮奶油混拌。

6

把步驟⑤的鮮奶油倒進步驟④的鋼盆裡面混拌，同時也加入步驟①的義式蛋白霜混拌，最後再加入檸檬汁混拌。

7

用湯匙撈取，填入至圓形圈模的一半高度。

8

放進冷藏庫，冷凍。截至目前的步驟，也可以在前一天預先進行入料作業。

3

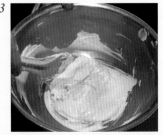

呈現柔軟之後，放進預先用水泡軟的明膠，溶解。

4

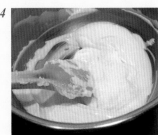

加入優格，充分混拌。

5

用另一個鋼盆，把鮮奶油打發至八分發。

擺盤

冷起司慕斯冷卻凝固後，連同圓形圈模一起放在盤子上，倒入溫起司慕斯。

2

熱度會使冷起司慕斯稍微融解，這時把圓形圈模拿掉。

3

隨附上糖漬草莓，並淋上糖漬草莓的醬汁。隨意擺放上可可風味的酥餅，最後再裝飾上薄荷葉。

糖漬草莓

材料（容易製作的份量）

草莓…500g
水…100ml
精白砂糖…120g
水飴…少許
檸檬汁…少許

1 草莓切掉蒂頭。

2 把步驟①以外的材料放進鍋裡加熱，製作糖漿。

3 糖漿煮沸後，把步驟①的草莓倒入。

4 再次沸騰後，關火，在常溫下放涼。倒進容器裡面保存。

裝飾用的薄荷葉

材料（容易製作的份量）

薄荷葉…適量
蛋白…少許
糖粉…適量

1 薄荷去除葉莖，只使用葉子的部分。

2 把蛋白打散，用刷子薄塗在步驟①的薄荷葉上面。

3 把糖粉撒在步驟②的葉子上面，放置在有風的陰涼處，使表面乾燥。

5

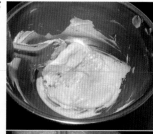

加入步驟①的義式蛋白霜混拌。

可可風味的酥餅

材料（容易製作的份量）

奶油…200g
砂糖…170g
雞蛋…90g
杏仁粉…60g
低筋麵粉…450g
可可粉…30g

1 杏仁粉、低筋麵粉和可可粉過篩後，混合備用。

2 把冰冷的奶油放進食物調理機，攪拌至柔滑程度後，把步驟①的材料倒入。

3 粉末類的材料粗略攪拌即可。注意避免過度攪拌。

4 粉末類材料混拌完成後，加入雞蛋，粗略攪拌至麵團相黏的程度。

5 把步驟④的麵團整成一坨，用保鮮膜包覆起來，放進冷藏，靜置4～5小時。

6 從冷藏裡面取出麵團，再次重新搓揉，用擀麵棍把厚度擀壓成2mm後，用25mm、15mm、8mm 3種圓形模型壓切。

7 把壓切成形的麵團放在鋪有烤盤墊的烤盤上面，用175℃的烤箱烘烤10分鐘左右。

8 出爐放涼後，即可使用。

フレンチバル レ・サンス
French Bar Les Sens
老闆兼主廚 **渡邊健善**

▼

用法國味道改良熱銷的起司蛋糕

French Bar的消費價位平易近人、店內的氣氛輕鬆，主要販售以正統法式料理為基礎的濃醇酒品和葡萄酒，該店的消費群以女性居多，因此，餐後甜點也是菜單上不可欠缺的一項。因此，這次要介紹的是，近幾年造成話題的巴斯克起司蛋糕。這個蛋糕是西班牙巴斯克地區的小酒館＆餐廳十分受歡迎的甜點。擁有獨立語言的巴斯克人所居住的巴斯克地區，跨越西班牙和法國之間的國境，腹地橫跨於兩國之間，因此，即便在法國酒館看到這道甜點，仍不會有半點衝突感。採取縱情烘烤的方式，有效運用外觀也能令人印象深刻的渾厚感，光是切開成塊，就能簡單上桌的這個蛋糕，不需要花費太多時間，十分符合輕鬆酒吧形象的甜點。傳統的巴斯克起司蛋糕，是添加鮮奶油的烤起司蛋糕，有著濃醇且柔軟口感的魅力。而這裡的巴斯克起司蛋糕則是在承襲這些特色的同時，製作出鬆軟的非烘焙口感，讓客人可以在享受葡萄酒的餐後，也能夠更加輕鬆地享用。

地址／神奈川県横浜市青葉区美しが丘5-2-14
電話／045-530-5939
URL／https://frenchbarlessens.jimdofree.com/
營業時間／11：30〜14：30L.O.（星期六、日則是14：00L.O.）、
17：30〜23：30L.O.（星期六、日則是17：00〜23：00L.O.）
公休日／星期一

巴斯克起司蛋糕

巴斯克起司蛋糕

材料

直徑12cm、高5cm的圓形模型 ×2

奶油起司…300g
雞蛋…2個
砂糖…80g
鮮奶油…150g
玉米粉…20g
奶油…47g
糖粉…適量

糖粉 ——

巴斯克起司蛋糕 ——

巴斯克起司蛋糕原本就十分濃醇且柔軟。從烤箱內取出時，呈現蓬鬆隆起的狀態，但是中央部分會隨著時間而逐漸塌陷。在承襲那個特徵的同時，為了製作出更綿密、柔軟的口感，而進一步改造成非烘焙。製作柔軟口感的重點就是減少粉末材料的使用。為製作出濕潤感，而放棄使用麵粉，改用玉米粉。另外，為了製作出鬆軟感而添加了打發的雞蛋。可是，在混合的時候，要以稍微壓迫氣泡的感覺下去混拌。如果快速混拌的話，麵團會在烘烤的時候形成舒芙蕾般的口感，濕潤的濃醇口感就會減少。就烘烤方法來說，為了讓外觀與傳統的巴斯克起司蛋糕相同，要在中途撒上糖粉，使表面焦糖化，同時讓內部呈現半生的狀態。若要進一步改良的話，也可以添加和奶油起司十分對味的柑橘類果皮，同樣也可以美味上桌。

1

把奶油起司和奶油放進鋼盆，隔水加熱，直到完全混拌均勻。

2

把雞蛋和砂糖放進攪拌機，摩擦攪拌至呈現隱約泛白。

9

馬上放回烤箱，進一步烘烤。如果在一開始便撒上糖粉，麵團就會下沉，不會膨脹隆起。

10

在中央呈現非烘焙狀態的時候出爐，直接放涼後，放進冷藏庫冷卻。

11

待中央部分完全冷卻，就可以切塊擺盤。

6

進一步加入少量過篩的玉米粉。其實也可以使用麵粉，但玉米粉比較能增添濕潤感。

7

倒進鋪有烘焙紙的模型裡面，用200℃的烤箱烘烤。產生烤色後，把烤箱的溫度調降至180℃。

8

表面乾燥後，暫時取出，輕撒上糖粉。

3

進一步用另一個鋼盆打發鮮奶油。打發至六分發。

4

把步驟②的材料倒進步驟①的鋼盆裡混拌。這個時候，如果快速地混拌，烘烤時就會過度膨脹，形成舒芙蕾那樣的口感，所以關鍵就是一邊稍微壓破氣泡，一邊混拌。

5

攪拌完成後，混入步驟③的鮮奶油。

Bistro
LA NOBOUTIQUE-B

廚師 **酒卷浩二**

透過符合客層的擺盤要素，享受各種變化

小酒館（Bistro）的休閒印象遠比其他餐廳來得濃厚，而甜點更是品嚐過餐點和葡萄酒之後所不可欠缺的一環。另外，大眾風格的小酒館也十分注重甜點本身的份量感。這個時候，就必須把小酒館的所在位置和客群納入考量，這便是酒卷廚師的想法。基於地理位置的關係，小酒館的客人都是以年長者居多，所以料理本身就比較偏向輕食風格，而甜點也是料理中的一道，因此，廚師也會配合料理，盡可能製作出輕盈口感，以華麗、奢華的感覺，為餐點畫下完美句點。在此同時，為營造出『大量使用水果的蛋糕店』形象，並讓客人產生與其他蛋糕店相同的感受，而在醬汁或配料等方面使用了大量的水果。這次的起司蛋糕被歸類為甜點，所以為了讓口感、風味更加清爽而製作成慕斯，同時也在調味方面下了一番功夫。相較於起司蛋糕本身的個性，餐盤內的各種配料組合更是其精華所在，可以讓人享受到各種不同的味道變化。

地址／東京都板橋区常盤台1-7-8　それいゆ常盤台106
電話／03-6279-8003
URL／http://www.noboutique.net
營業時間／11：30〜15：30(L.O.14：30)、17：30〜22：00(L.O.21：00)
公休日／第2、4個星期二

奶油起司佐無花果醬

奶油起司佐無花果醬

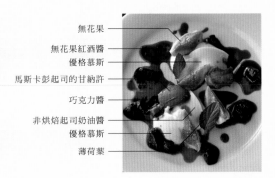
非烘焙起司奶油醬

材料（5人份）

奶油起司…100g
酸奶油…20g
白砂糖…20g

1

奶油起司恢復至常溫，放進鋼盆攪拌至柔軟程度。

2

加入酸奶油、砂糖，用橡膠刮刀充分混拌至結塊消失為止。

3

把鮮奶油放進另一個鋼盆，打發至八分發。

4

把少量的步驟③材料倒進步驟②的鋼盆裡，完全混拌後，再次加入少量的步驟③材料。步驟③材料分2～3次加入混拌。

把「非烘焙起司奶油醬」、「馬斯卡彭起司的甘納許」、「優格慕斯」盛裝在一起，然後再淋上醬汁的一道甜點。享受各不相同的口感。優格慕斯使用明膠，製作出彈滑的口感。馬斯卡彭起司的甘納許則是利用巧克力本身的凝固力冷卻凝固，紮實的口感令人驚豔。非烘焙起司奶油醬不使用明膠，藉此實現三種起司當中最融於口的口感。味道方面著重清爽感，避免過分強調起司的風味，同時也稍微控制甜度。因此，單獨食用的話，可能會有種稍嫌不足的感覺。而那些不足的部分，便是利用醬汁和其他配料來加以彌補。也就是說，這道甜點的前提就是，把盤子裡面的構成要素結合在一起，然後再加以細細品嚐。醬汁是草莓紅酒醬和巧克力醬。再進一步配上新鮮的無花果，也能享受水果的鮮甜滋味。

優格慕斯

材料（10人份）

鮮奶油（乳脂肪40％）…72g
牛乳…160g
明膠粉…16g
水…80g
優格…400g
檸檬汁…少量

1 把鮮奶油和牛乳放進鍋裡，加熱煮沸。

2 明膠和水混合，用微波爐加熱溶解。

3 把步驟②的材料倒進步驟①裡面，同時也加入優格，把鍋子從火爐上移開，充分混拌。

4 用檸檬汁調味後，放進冷藏庫冷卻凝固。

擺盤

1

非烘焙起司奶油醬、馬斯卡彭起司的甘納許、優格慕斯，分別用湯匙撈取放置在盤子上。以裝飾的感覺淋上無花果紅酒醬、巧克力醬，並隨附上切好的新鮮無花果，最後裝飾上薄荷葉。

馬斯卡彭起司的甘納許

材料（5人份）

鮮奶油（乳脂肪40％）…40g
馬斯卡彭起司…75g
牛奶巧克力（製菓用）…75g

1

把鮮奶油和馬斯卡彭起司放進鍋裡，用小火加熱，一邊用橡膠刮刀攪拌，使材料融解。

2

沸騰後，加入巧克力，用打蛋器充分混拌，使巧克力完全融解。

3

倒進容器，放涼後，放進冷藏庫冷卻。

5

全部混拌完成後，裝進容器，放進冷藏庫冷卻凝固。

無花果紅酒醬

材料（5人份）

紅酒…200ml
白砂糖…35g
無花果…2個
玉米粉…適量

1 把紅酒和砂糖放進鍋裡加熱，溶解煮沸後，加入切成骰子狀的無花果熬煮。

2 加入玉米粉，產生稠度後，倒進容器，放涼後，放進冷藏庫冷卻。

巧克力醬

材料（5人份）

鮮奶油（乳脂肪40％）…60g
牛乳…40g
牛奶巧克力（製菓用）…40g

1 把鮮奶油和牛乳放進鍋裡，用小火加熱，煮沸後，放進巧克力，用打蛋器充分混拌，使巧克力完全融解。

2 倒進容器，放涼後，放進冷藏庫冷卻。

Spanish bar BANDA

老闆　平野恭譽

▼

不論是內用或是派對盛會都十分受歡迎的起司蛋糕

以美食鎮而聞名的多若斯迪亞（San Sebastián）位於西班牙巴斯克地區，當地的酒吧＆餐廳「LA VINA」有一種蛋糕特別受到矚目，那便是掀起流行風潮的巴斯克蛋糕。基本上，甜點在西班牙本來就十分地盛行，即便是酒吧也不例外。安達盧西亞的傳統甜點「蛋黃布丁（Tocino de cielo）」、利用凝乳酶（Rennet）凝固羊乳，再搭配蜂蜜等一起品嚐的巴斯克甜點「羊奶酪（Cuajada）」、在日本也十分知名的加泰隆尼亞的甜點「焦糖奶凍（Crema Catalana）」，還有各式各樣的冰淇淋……等，都是十分受歡迎的甜點。「就算是酒吧，也能品嚐到甜點。因為大叔們經常吃甜點，所以只要去到酒吧，就會想吃甜點」平野老闆說。『BANDA』從2016年開始營業，現在不光是本店，就連派對的籌辦也十分受到歡迎。老闆說：「這個蛋糕的最大優點就是，即便沒有空間，仍然可以快速地製作完成。」巴斯克起司蛋糕有著漆黑的外觀，在視覺上十分令人印象深刻，所以在店裡便以「黑起司蛋糕」的名稱進行販售。為了在搭配葡萄酒的時候，能更進一步地感受濕潤且濃郁的口感，上桌時會搭配鹽巴一起提供。

地址／大阪府大阪市福島区福島7-8-6 中村ビル1階
電話／06-7651-2252
URL／http://www.cpc-inc.jp/
營業時間／15:00～24:00
公休日／星期日

巴斯克黑起司蛋糕

630日圓（含稅）

巴斯克黑起司蛋糕

巴斯克起司蛋糕

材料

直徑12cm×高6cm　6個

奶油起司…1kg
雞蛋（M）…8個
玉米粉…18g
白葡萄酒…100ml
蔗糖…300g
特濃牛乳…200ml

1

奶油起司恢復成常溫備用。如果在冷卻狀
態下使用會造成分離。放進鋼盆，用刮刀
等道具攪拌至柔軟程度。

2

起司變柔軟之後，打入雞蛋混拌。

據說在西班牙最受歡迎的這種起司蛋糕是，由鮮奶油、雞蛋和奶油起司，以1：1：1的比例下去製作而成。而『BANDA』原創的改良食譜則是把鮮奶油換成特濃牛乳。因為希望甜點的風格更符合酒吧的形象，同時製作出更多的份量而改良了食譜。如果使用鮮奶油，味道會太過濃厚，只要吃一點就會有飽足感，如果改用牛乳，即便份量較多，仍然有辦法吃光。另外，添加葡萄酒的部分也是特色之一。砂糖使用能夠增添濃郁香氣的蔗糖。烘焙方面，該店使用的是熱對流烤箱，不過，據說用火加熱的烤箱比較好。因為比較能均勻烘烤，外圍焦黑的烘焙紙更能強調出手作感。無添加且香氣濃郁是這種蛋糕的特徵，濕潤且濃郁，也能品嚐到起司的味道。即便剛出爐也依然美味，柔滑且奶香十足。為了讓客人充分享受起司蛋糕的濕潤口感，本店是以冷卻狀態提供。

9

中途，改變前後的位置，讓整體都可以充分受熱。

10

出爐。也可以再多烘烤一下下。不管是剛出爐，或是放涼後再冰過，同樣都十分美味

6

進一步用攪拌機充分混拌後，在倒進模型之前，先暫時放置，排出空氣。

7

把步驟⑥的麵糊倒進鋪有烘焙紙的圓形圈模裡面。

8

用220℃的烤箱烘烤40分鐘。熱對流烤箱則以15分鐘為標準。

3

雞蛋攪拌至某程度後，改用攪拌機充分混拌。

4

雞蛋攪拌均勻後，加入砂糖和玉米粉混拌。使用味道濃郁的蔗糖。

5

預先把牛乳和葡萄酒混合在一起，然後加入混拌。

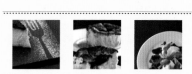

Cucina Italiana Atelier Gastronomico
Da ISHIZAKI

甜點師　五十嵐克己

▼

控制甜度，充分運用起司原味的蛋糕

義式料理有很多充分運用食材原味的料理。甚至，麵食或主菜等料理中，也有許多添加起司的料理，若是套餐料理的話，也會在某一盤料理裡面發現起司的蹤跡，這部分也可說是義式料理的特色。當然，甜點方面也會使用起司，這是大家都知道的事情。在餐廳的套餐裡面，把甜點視為料理之一的觀念是十分重要的，就餐點最後的一盤來說，在製作使用起司的蛋糕時，會特別注意運用起司本身的獨特性格。除了努力保有起司本身的濃郁和鮮味之外，為了直接表現出酸味或苦味，同時避免破壞起司本身的個性，避免過分強調甜度，也是其關鍵所在。另外，近幾年義式料理的料理本身也逐漸趨於輕食化。為了配合那樣的趨勢，在餐點最後品嚐的甜點也必須輕盈、爽口，這樣的觀念似乎已經成了基本，但是，本店的老闆兼主廚石崎幸雄卻說：「相反地，正因為料理趨於輕食化，最後品嚐的甜點更應該強調風味，藉此提高滿足感，以這樣的觀念去製作甜點不是更好嗎？」

地址／東京都文京区千駄木2-33-9
電話／03-5834-2833
URL／http://www.daishizaki.com/
營業時間／11：30～14：30(L.O.13：30)、18：00～23：00(L.O.21：30)
公休日／星期一（如逢假日，公休日延至隔天）

提拉米蘇

乳酪塔

舒芙蕾起司蛋糕

卡芒貝爾起司蛋糕

提拉米蘇

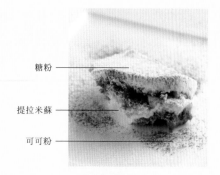

糖粉
提拉米蘇
可可粉

提拉米蘇

材料（5人份）

30cm×25cm×4.5的調理盤1個

下層
馬斯卡彭起司…250g
精白砂糖…75g
蛋黃…80g
鮮奶油…250g

上層
瑞可塔起司…250g
精白砂糖…75g
明膠片…6片
鮮奶油…250g

手指餅乾…24根

濃縮咖啡…240ml
精白砂糖…50g
萊姆酒…10ml

可可粉…適量
糖粉…適量

1

萃取濃縮咖啡，加入精白砂糖和萊姆酒，混拌溶解備用。由於希望展現出起司的個性，所以也可以配合起司的味道，稀釋濃縮咖啡的味道。

提拉米蘇在1990年開始掀起爆炸性的風潮，而這股風潮早已持續30年之久。說到義大利的起司蛋糕，大家率先聯想到的便是提拉米蘇，由此便足以了解提拉米蘇的超高人氣。很多人都知道提拉米蘇的基本食譜，因此，很多廚師都認為『事到如今，也沒有什麼好教的』，但其實還是有很多大家所不知道的部分，所以就試著重新構思提升魅力的重點，以及全新的改良作法。在義式料理中，通常會在甜點之後，喝杯濃縮咖啡等咖啡飲品，所以最重要的是讓客人在吃了蛋糕後，會想來杯咖啡。提拉米蘇使用的是咖啡，所以使用店內的濃縮咖啡是最理想的。如果是帶有濃醇苦味的咖啡豆，也可以搭配味道較濃的起司。這裡製作的不是傳統的提拉米蘇，而是全新改良的創意提拉米蘇。使用馬斯卡彭起司以外的起司，也是基於這一點。疊放上手指餅乾，在最下方使用柔軟的起司奶油醬，上面則是重疊上用瑞可塔起司製成的起司奶油醬。瑞可塔起司的奶油醬是白色的，比較容易上色，所以如果搭配抹茶粉材料，製作成雙色雙層，視覺上就會更令人印象深刻。

8

把步驟③剩下的手指餅乾鋪入，用刷子抹上剩餘的濃縮咖啡。

9

製作上層的奶油醬。把瑞可塔起司倒進鋼盆，使用打蛋器攪拌至呈現柔滑狀態。

10

加入精白砂糖，一邊隔水加熱，持續攪拌至呈現柔滑狀態。

5

呈現隱約泛白後，加入馬斯卡彭起司，充分混拌。

6

用另一個鋼盆打發鮮奶油，倒進步驟⑤的鋼盆裡混拌。

7

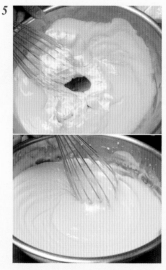

攪拌完成後，倒進步驟③的調理盤內，把表面抹平。

2

手指餅乾切成對半備用。

3

把步驟②一半份量的手指餅乾排放在調理盤內，用刷子沾上步驟①的濃縮咖啡，塗抹沾濕。濃縮咖啡的塗抹量也會使味道改變，所以要加以調整。

4

製作下層的奶油醬。把蛋黃和精白砂糖放進鋼盆，隔水加熱，摩擦攪拌。

擺盤

1

用湯匙從邊緣撈取，盛裝在容器上。

2

撒上可可粉和糖粉，增添色彩。

14

放進冷藏冷卻。表面凝固，手指餅乾呈現濕潤後，便大功告成。

11

明膠用冰水泡軟備用，放進步驟⑩的材料裡面，充分攪拌溶解。也可以稍微隔水加熱一下。

12

呈現柔滑狀態後，加入打發的鮮奶油混拌。

13

倒進步驟⑧的調理盤，把表面抹平。

Cucina Italiana Atelier Gastronomico Da ISHIZAKI　ダ・イシザキ

乳酪塔

甜塔皮

材料

直徑15cm的塔模1個

奶油…90g
精白砂糖…50g
雞蛋…18ml
低筋麵粉…150g

1 奶油恢復至常溫後，放進鋼盆，用刮刀混拌，攪拌成奶油醬狀之後，加入精白砂糖，慢慢地摩擦攪拌。

2 砂糖溶解後，分次少量加入打散的蛋液，一邊混拌，直到分離狀態消失為止。

3 加入過篩的低筋麵粉，粗略地快速混拌。

4 彙整成團之後，用保鮮膜包起來，放進冷藏靜置一晚。

乳酪塔

材料

直徑15cm的塔模1個

奶油起司…140g
精白砂糖…22g
水飴…35g
鹽…一撮
奶油…25g
檸檬汁…3ml
鮮奶油…10ml
低筋麵粉…10g
甜塔皮…1個模型的份量

乳酪塔
樹莓
草莓
香草冰淇淋
安格列斯醬

就義式料理的甜點來說，確實烘烤的塔有非常豐富的種類。不光是外帶的蛋糕店種類，在店裡內用的餐廳甜點當中，一定會列出1～2種類別。在傳統料理上，塔更是菜單上必備的項目。其中，使用起司的乳酪塔，可說是經典中的經典，是絕對不可缺少的一項。尤其是羅馬料理的乳酪塔，就像大家所熟知的瑞可塔起司塔（里科塔奶酪塔；Crostata di Ricotta）那樣，起司只使用瑞可塔起司，同時添加葡萄乾或橙皮等材料。就改良來說，為了製作出更輕盈的感受，這裡使用奶油起司來取代瑞可塔起司。瑞可塔起司在放置一天，使味道更顯紮實的同時，會產生乾柴、沉重的口感，相對之下，奶油起司在放置一段時間之後，反而感覺更加輕盈。為充分運用起司的個性，不搭配任何材料，只使用起司。相對之下，味道也會變得比較清淡，因此，就餐點後品嚐的甜點來說，就要在擺盤的時候搭配水果，同時淋上些許安格列斯醬，增添「風味」和「輕盈度」的變化。

6

混拌完成後，加入檸檬汁混拌，最後加入過篩的低筋麵粉稍微混拌。

7

步驟①的模型冷卻凝固後，取出，扎小孔。

8

把步驟⑥的材料倒入，抹平，輕輕拍打，排出裡面的空氣。

3

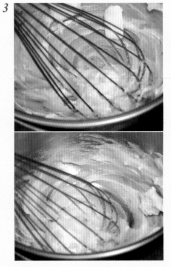

混拌完成後，逐次加入少量的奶油，一邊混拌乳化。

4

加入奶油後，少量倒入鮮奶油混拌。

5

加入步驟②剩餘的奶油起司，一邊隔水加熱混拌。

1

把前一天製作好的甜塔皮取出，用擀麵棍擀壓成3mm的厚度，進行入模。確實按壓麵團，排出模型與麵團之間的空氣，然後放進冷藏靜置。

2

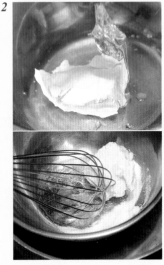

製作料糊。把一半份量的奶油起司放進鋼盆，加入水飴混拌，進一步加入精白砂糖和鹽巴，隔水加熱混拌。

4

全面撒上糖粉。

5

隨附上香草冰淇淋。

擺盤

1

烤好的塔出爐後，脫模，冷卻備用。等到
完全冷卻後，切塊擺盤。

2

隨附上切除蒂頭，切成對半的草莓、樹
莓。

3

為製作出更多變的味道，佐以安格列斯
醬。

9

放進200℃的煤氣烤箱，約烘烤30分鐘。

安格列斯醬

材料（容易製作的份量）

蛋黃⋯1個
砂糖⋯20g
牛乳⋯150ml

1 把牛乳放進鍋裡加熱。

2 把蛋黃和砂糖放進鋼盆，摩擦攪拌至呈現
隱約泛白。

3 步驟①達到人體肌膚的溫度後，逐次少量
倒進步驟②的材料裡面混拌。

4 牛乳全部倒入後，用濾網過濾到鍋裡，用
小火加熱，在避免沸騰的情況下摩擦攪
拌。產生稠度後，把鍋子從火爐上移開，
用冰水一邊冷卻攪拌，冷卻後，放進冷藏
庫保存。

舒芙蕾起司蛋糕

舒芙蕾起司蛋糕

材料

直徑12cm的圓形模型1個

奶油起司⋯150g
奶油⋯20g
精白砂糖⋯10g
蛋黃⋯1個
蛋白⋯1個
鹽巴⋯一撮
鮮奶油⋯40ml
煉乳⋯10ml
檸檬汁⋯10ml
低筋麵粉⋯15g

安格列斯醬
舒芙蕾起司蛋糕
樹莓
美國櫻桃

1

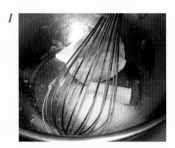

把奶油起司放進鋼盆，加入奶油和10g的
精白砂糖，一邊隔水加熱混拌。

2

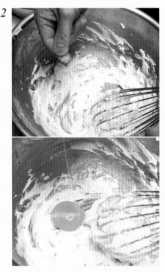

攪拌至柔滑狀態後，加入鹽巴、蛋黃混
拌。

起司蛋糕的分類有，烘焙、非烘焙和舒芙蕾，因此便以
義式料理的感覺，思考舒芙蕾類型的起司蛋糕。雖說是
舒芙蕾，但卻不是一出爐就馬上上桌，而是先暫時把烤
成舒芙蕾狀的蛋糕放進冷藏庫，待味道更緊密、紮實之
後，再進行擺盤的濕潤型甜點。在奶油起司裡面添加奶
油，再進一步添加鮮奶油和煉乳，增添濃郁和味道，這
便是這道甜點的特徵所在。同時也能感受到隱約的酸
味。如果希望進一步強調奶油起司的酸味，也可以稍微
改良一下，試著添加柑橘類果皮，或是增添柑橘類香
氣。整體有著濕潤口感，味道既濃郁且醇厚。為了讓蛋
糕的口感更加清爽，而搭配了沾有義大利香醋的配料，
以作為佐醬。在義式料理裡面，餐點最後的飲品通常都
是濃縮咖啡，不過，這道甜點則比較適合搭配紅茶。或
是，如果是冬天的話，也可以搭配甜味的熱葡萄酒，同
樣也十分美味。

擺盤

1

把烤好的舒芙蕾起司蛋糕放進冷藏，冷卻後，脫模，撕掉烘焙紙，切塊擺盤，撒上糖粉。

2

藍莓用少量的義大利香醋混拌後，擺盤。

3

隨附上美國櫻桃，佐以安格列斯醬。

6

倒進底部和側面都鋪有烘焙紙的模型裡面。

7

隔水加熱，用160℃的烤箱烘烤。

安格列斯醬

參考「乳酪塔」165頁

3

進一步加入鮮奶油、煉乳和檸檬汁混拌。

4

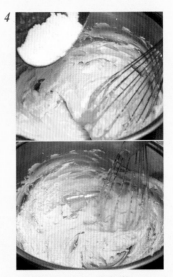

加入過篩的低筋麵粉，稍微混拌。

5

把蛋白和步驟①剩下的精白砂糖放進另一個鋼盆裡面，打發後，倒進步驟④的鋼盆裡面，在避免擠破氣泡的情況下，粗略混拌。

卡芒貝爾起司蛋糕

美國櫻桃

卡芒貝爾起司蛋糕

傑諾瓦士海綿蛋糕

過篩的
傑諾瓦士海綿蛋糕

義大利香醋醬

傑諾瓦士海綿蛋糕

材料

直徑12cm的圓形圈模1個

雞蛋…2個
精白砂糖…45g
奶油…20g
低筋麵粉…50g

1 把奶油放進鋼盆，隔水加熱，製作成清澄奶油備用。

2 用另一個鋼盆把蛋打散後，加入精白砂糖，一邊隔水加熱，持續打發直到呈現隱約的泛白。

3 步驟②的材料呈現緞帶狀之後，加入過篩的低筋麵粉，快速地粗略混拌。

4 粉末感完全消失後，加入步驟①的奶油，快速地粗略混拌。

5 倒進底部和側面都鋪有烘焙紙的模型裡面，用160℃的烤箱烘烤25分鐘。

6 烘烤完成後，從烤箱內取出，把模型顛倒放置在鐵網上面，大約經過5分鐘後，從模型裡取出，直接放涼，撕掉烘焙紙，裝進袋子裡避免乾燥，再放進冷藏庫靜置一晚。

非烘焙起司蛋糕的一種。有著宛如前菜料理‧卡布里沙拉的形象，強調新鮮感，並充分發揮出起司的性格。其實大家所普遍熟悉的非烘焙起司蛋糕，在義大利基本上都被當成蛋糕店裡的蛋糕，餐廳裡面很少會採用。義大利本來就沒有在餐後吃萬用起司（Table Cheese）的習慣，而起司味道強烈，酸味也比較強勁的非烘焙起司蛋糕，對於餐後甜點來說，更會顯得太過沉重。可是，餐點的最後應該吃點什麼呢？這個時候，建議根據主菜的內容去做判斷。例如，在吃過脂肪肥厚的肉類料理之後，就會建議像法國那樣，把這種蛋糕當成萬用起司。因此，就要調整素材和配方，製作出起司感較多的蛋糕。非烘焙起司蛋糕通常都是採用奶油起司，這裡則是大膽採用法國產的卡芒貝爾起司，同時搭配使用瑞可塔起司，製作出獨特的個性。卡芒貝爾起司具有獨特的香氣，味道方面帶有酸味，同時氣味也比較濃郁、強烈。相對之下，瑞可塔起司比較樸實，也沒什麼味道，所以兩者混合之後，就能製作出輕盈的味道。正因為使用的是卡芒貝爾起司，所以形狀也是採用卡芒貝爾起司般的形狀。

6

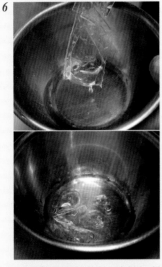

把步驟⑤泡軟的明膠放進另一個鋼盆，倒入甜味的甜點酒，以隔水加熱的方式溶解。

7

把檸檬汁倒進步驟④的鋼盆裡面混拌，然後加入少量的步驟⑥材料混拌。

8

加入步驟⑤打發好的鮮奶油混拌。

3

把卡芒貝爾起司和瑞可塔起司放進鋼盆混拌。

4

混拌完成後，倒進精白砂糖，混拌至整體呈現柔滑狀態為止。混拌時，也可以稍微隔水加熱。

5

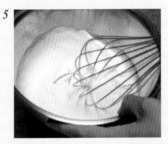

用另一個鋼盆把鮮奶油打發。明膠片預先用冰水泡軟備用。

卡芒貝爾起司蛋糕

材料

直徑12cm×高4cm的圓形圈模1個

卡芒貝爾起司⋯70g
瑞可塔起司⋯100g
精白砂糖⋯18g
甜味的甜點酒⋯10ml
明膠片⋯2g
鮮奶油⋯60ml
檸檬汁⋯7ml

傑諾瓦士海綿蛋糕
　⋯1個模型的份量

1

把出爐的傑諾瓦士海綿蛋糕切成5mm厚度，放進圓形圈模裡。

2

剩下的傑諾瓦士海綿蛋糕用濾網過濾成碎末，作為裝飾之用。

Cucina Italiana Atelier Gastronomico Da ISHIZAKI　*ダ・イシザキ*

擺盤

1

切下1人份的蛋糕裝盤。撒上過篩的海綿蛋糕碎末。

2

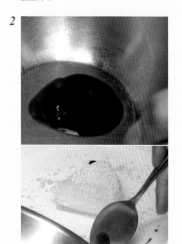

把義大利香醋的醬汁淋在盤面。

3

最後，裝飾上美國櫻桃。

12

把裝飾用的鮮奶油放進鋼盆，加入精白砂糖，打發至八分發之後，把步驟⑪抹面。

13

在整體塗抹上步驟②過篩的海綿蛋糕碎末，撒上糖粉。

9

最後，一邊倒進步驟⑥的材料，一邊混拌。

10

把步驟⑨的材料倒進步驟①的模型裡面，稍微輕拍，排出空氣，使表面變得平整後，放進冷藏冷卻凝固。

11

凝固後，從冷藏裡面取出，拿掉圓形圈模。

人氣烘焙坊＆人氣餐廳
各店介紹
起司蛋糕的刊載頁面

Pâtisserie idée
パティスリー イデ

P.085

地址／兵庫県尼崎市武庫之荘2-23-16 ojフィールド101
電話／06-6433-1171
URL／http://idee-idee.net/
営業時間／10:00～20:00
公休日／星期三

PÂTISSERIE étonné
パティスリー エトネ

P.077

地址／兵庫県芦屋市大桝町5-21
電話／0797-62-6316
URL／https://www.facebook.com/etonne71/
営業時間／10:00～19:00
公休日／星期二、不定期休假

PÂTISSIER SHIMA
パティシエ・シマ

P.014

パティシエ・シマ
地址／東京都千代田区麹町3-12-4
麹町KYビル1F
電話／03-3239-1031
営業時間／10:00～19:00(一～五)、
10:00～17:00(六)
公休日／星期日、國定假日
URL／http://www.patissershima.co.jp

ラトリエ・ド・シマ
住所／東京都千代田区麹町3-12-3
トウガビル1F
電話／03-3239-1530
営業時間／11:00～19:00(一～五)
公休日／星期六日、國定假日
URL／http://www.patissershima.co.jp

Pâtisserie Chocolaterie Chant d'oiseau
パティスリーショコラトリー シャンドワゾー

P.046

パティスリーショコラトリー
シャンドワゾー
地址／埼玉県川口市幸町1-1-26
電話／048-255-2997
営業時間／10:00～20:00
公休日／不定期
URL／http://www.chant-doiseau.com

姉妹店
シャンドワゾー グラシエ
ショコラティエ
住所／埼玉県川口市栄町2-2-21
電話／048-299-2189
営業時間／10:00～19:00
公休日／不定期

tête en l'air
テタンレール

P.059

地址／兵庫県西宮市二見町12-20
電話／0798-62-3590
営業時間／10:00〜20:00
公休日／無休

Delicius
デリチュース

P.069

地址／大阪府箕面市小野原西6-14-22
URL／http://www.delicius.jp/
電話／072-729-1222
営業時間／10:00〜20:00
公休日／星期二（如逢假日則正常營業）

Pâtisserie & Café DEL'IMMO
パティスリー＆カフェ デリーモ

P.020

地址／東京都千代田区有楽町1-1-3　東京ミッドタウン日比谷B1F
電話／03-6206-1196
営業時間／11:00〜23:00（L.O.22:00）
公休日／依設施為準
URL／http://www.de-limmo.jp
除外，另有目白店、澀谷ヒカリエ店、京都店

Avril de Bergue
ベルグの4月

P.027

地址／神奈川県横浜市青葉区美しが丘2-19-5
電話／045-901-1145
営業時間／9:30〜19:00
公休日／每年修業3次，進行設備檢修（透過網站公告）
URL／http://www.bergue.jp
透過SNS等平台，持續更新最新資訊

---

pâtisserie LA NOBOUTIQUE
ラ・ノブティック

P.052

地址／東京都板橋区常盤台2-6-2　池田ビル1階
電話／03-5918-9454
URL／http://www.nobutique.net
営業時間／10:00〜20:00
公休日／第二、四個星期二

Les goûters
レ・グーテ

P.094

地址／大阪府大阪市西区京町堀1-14-28　UTSUBO＋2　1階
電話／06-6147-2721
URL／http://les-gouters.com/
営業時間／11:00〜19:00
公休日／星期一、二

Cucina Italiana Atelier Gastronomico Da ISHIZAKI
ダ・イシザキ

P.155

地址／東京都文京区千駄木2-33-9
電話／03-5834-2833
URL／https://www.daishizaki.com/
営業時間／11:30〜14:30(L.O.13:30)、18:00〜23:00(L.O.21:30)
公休日／星期一（如逢假日，公休日延至隔天）

ESSENCE
エサンス

P.116

地址／東京都三鷹市下連雀2-12-29 2F
電話／0422-26-9164
営業時間／11:30〜14:00、18:00〜21:00
公休日／星期一

Crony
クローニー

P.102

地址／東京都港区西麻布2丁目25-24
NISHIAZABU FTビル MB1F（半地下１階）
電話／03-6712-5085
営業時間／18:00〜26:00
套餐 18:00〜20:00(LO)　wine bar 21:30〜25:00(LO)
公休日／星期日、有不定期公休

LA SORA SEED
ラ・ソラシド

P.128

地址／東京都墨田区押上1-1-2　東京スカイツリータウン・
ソラマチ31階
電話／03-5809-7284
URL／http://www.kurkku.jp/lasoraseed/
営業時間／11:00〜16:00(L.O.14:00)、18:00〜23:00(L.O.21:00)
公休日／全年無休

THIERRY MARX
ティエリー・マルクス

P.107

地址／東京都中央区銀座5-8-1 GINZA PLACE 7F
電話／03-6280-6234
營業時間／午餐 11:30〜15:30(L.O.14:00)
晚餐 18:00〜22:00(L.O.21:00)、
酒吧 20:30〜22:00(L.O.21:30)
公休日／餐廳營業無休
※酒吧是星期日、假日公休
URL／https://www.thierrymarx.jp/dining/

Bistro LA NOBOUTIQUE-B
ビストロ・ノブティックB

P.146

地址／東京都板橋区常盤台1-7-8　それいゆ常盤台106
電話／03-6279-8003
URL／http://www.nobutique.net
營業時間／11:30〜15:30(L.O.14:30)、
17:30〜22:00(L.O.21:00)
公休日／第2、4個星期二

Spanish bar BANDA
スペインバル　バンダ

P.150

地址／大阪府大阪市福島区福島7-8-6　中村ビル1階
電話／06-7651-2252
URL／http://www.cpc-inc.jp/
營業時間／15:00〜24:00
公休日／星期日

CUISINE FRANÇAISE Les Sens
フランス料理 レ・サンス

P.133

地址／神奈川県横浜市青葉区新石川2-13-18
電話／045-903-0800
URL／http://www.les-sens.com/
營業時間／午餐時間11:00〜14:30、
下午茶時間14:30〜16:30、晚餐時間17:30〜21:00
公休日／星期一

French Bar Les Sens
フレンチバル レ・サンス

P.142

地址／神奈川県横浜市青葉区美しが丘5-2-14
電話／045-530-5939
URL／https://frenchbarlessens.jimdo.com/
營業時間／11:30〜14:30L.O.(星期六、日則是14:00L.O.)、
17:30〜23:30L.O.(星期六、日則是17:00〜23:00L.O.)
公休日／星期一

TITLE

人氣烘焙坊　起司蛋糕的壓箱絕學

STAFF

ORIGINAL JAPANESE EDITION STAFF

出版	瑞昇文化事業股份有限公司
編著	旭屋出版編輯部
譯者	羅淑慧
總編輯	郭湘齡
責任編輯	張聿雯
文字編輯	徐承義　蕭妤秦
美術編輯	許菩真
排版	二次方數位設計　翁慧玲
製版	印研科技有限公司
印刷	龍岡數位文化股份有限公司

法律顧問	立勤國際法律事務所　黃沛聲律師
戶名	瑞昇文化事業股份有限公司
劃撥帳號	19598343
地址	新北市中和區景平路464巷2弄1-4號
電話	(02)2945-3191
傳真	(02)2945-3190
網址	www.rising-books.com.tw
Mail	deepblue@rising-books.com.tw

| 初版日期 | 2021年1月 |
| 定價 | 450元 |

編集・取材	井上久尚　森正吾
取材	駒井麻子　那須陽子　三神さやか　志木田理恵　西倫世
撮影	後藤弘行／曽我浩一郎（旭屋出版）
	野辺竜馬　德山喜行　佐々木雅久　川井裕一郎
	松井ヒロシ　丸谷達也
デザイン	富川幸雄（studio Freeway）

國家圖書館出版品預行編目資料

人氣烘焙坊 起司蛋糕的壓箱絕學 ＝
Cheesecake/旭屋出版編輯部編著；羅
淑慧譯. -- 初版. -- 新北市：瑞昇文化事
業股份有限公司, 2021.01
176面；19x25.7公分
ISBN 978-986-401-464-4(平裝)
1.點心食譜

427.16　　　　　　　109020644

Ninki Patisserie & Restaurant Cheesecake No Gizyutsu
© ASAHIYA SHUPPAN 2019
Originally published in Japan in 2019 by ASAHIYA SHUPPAN CO.,LTD..
Chinese translation rights arranged through DAIKOUSHA INC.,KAWAGOE.